Word Excel PPT

案例＋技巧＋视频

Office 高效办公

朱维 / 编著

全能手册

适用于 Office
2013/2016/2019/2021 版本

职场实例 · 思维导图 · 技巧速查 · 避坑指南

拓展技能 · 图解步骤 · 视频教学 · 资源附赠

U0234010

北京理工大学出版社
BEIJING INSTITUTE OF TECHNOLOGY PRESS

内 容 简 介

熟练使用Office办公软件是职场人士的必备技能之一，结合当前职场人士和商务精英的文档制作需要，本书针对目前使用最广泛的Office 2019，讲解了Word、Excel及PowerPoint（简称PPT）中最常用、最实用的职场商务办公实战技能。

本书内容分为两篇，第一篇为办公实战案例篇，第二篇为办公技巧速查篇。本书注重理论知识与实际工作的结合，每章都从经典案例出发，图文并茂，分步讲解，在遇到重点难点时，适时安排"小技巧"和"小提示"版块。全书配有视频讲解，"手把手"帮助读者更好地理解案例的制作要点和操作方法。

本书既适合零基础又想快速掌握Word、Excel和PPT商务办公技能的读者学习，又可以作为大、中专院校或者企业的培训教材。对于经常使用Word、Excel和PPT进行办公，但又缺乏实战应用和经验技巧的读者特别有帮助。

图书在版编目（CIP）数据

Word/Excel/PPT Office高效办公全能手册：案例+技巧+视频 / 朱维编著. --北京：北京理工大学出版社，2022.1

ISBN 978-7-5763-0877-8

Ⅰ. ①W… Ⅱ. ①朱… Ⅲ. ①办公自动化－应用软件－自学参考资料 Ⅳ. ①TP317.1

中国版本图书馆CIP数据核字（2022）第016375号

出版发行 / 北京理工大学出版社有限责任公司

社　　址 / 北京市海淀区中关村南大街5号

邮　　编 / 100081

电　　话 / （010）68914775（总编室）

　　　　　（010）82562903（教材售后服务热线）

　　　　　（010）68944723（其他图书服务热线）

网　　址 / http://www.bitpress.com.cn

经　　销 / 全国各地新华书店

印　　刷 / 三河市中晟雅豪印务有限公司

开　　本 / 710毫米×1000毫米　1 / 16

印　　张 / 19.75　　　　　　　　　　　　　　责任编辑 / 张晓蕾

字　　数 / 502千字　　　　　　　　　　　　　文案编辑 / 张晓蕾

版　　次 / 2022年1月第1版　2022年1月第1次印刷　　责任校对 / 周瑞红

定　　价 / 79.00元　　　　　　　　　　　　　责任印制 / 李志强

　　熟练使用 Office 办公软件是职场人士的必备技能之一。如今绝大多数公司在招聘员工时强调应聘者需具备熟练的 Office 办公软件的操作能力。无论是从事行政文秘、财务会计、市场营销、人力资源工作，还是从事设计、软件编程等工作；无论是一线员工还是公司管理人员，在工作中都离不开 Office 办公软件的应用。如果能掌握常用的 Office 办公软件，处理日常工作就会变得简单、高效，准备工作计划、工作总结、活动策划方案、合同文件、招 / 投标书、产品宣传方案、数据分析报告和项目展示方案等资料时都会感觉得心应手。

　　本书针对当前职场人士和商务精英的办公技能需要，结合当前使用最广泛的 Office 2019，讲解了 Word、Excel 和 PPT 中最常用、最实用的职场商务办公实战技能。

一、本书的内容结构

　　本书分为两篇，共 14 章，具体内容分别如下：

　　第一篇：办公实战案例篇（第 1~11 章）。本篇以 27 个商务职场案例为线索，详细地讲解了 Word、Excel、PPT 三大办公组件的应用技能。内容包括：❶ 使用 Word 的 12 个职场案例（包括销售合同、行政管理手册、公司组织结构图、车间工作流程图、促销海报、员工入职登记表、员工绩效考核表、公司文件模板、营销计划书、市场调查报告、邀请函、调查问卷表），详细讲解了办公文档的制作；❷ 使用 Excel 的 11 个职场案例（包括员工档案表、员工考评成绩表、员工工资表、销售奖励结算表、销售业绩表、电器销售情况表、生产统计图表、产品销售统计图、销售数据透视表、年度销售计划表、订单管理系统），详细讲解了职场工作表的制作；❸ 使用 PPT 的 4 个职场案例（包括产品宣传与推广、项目投资策划方案、广告媒体策划方案、年度工作总结），详细讲解了演示文稿的实战技能。

　　第二篇：办公技巧速查篇（第 12~14 章）。本篇主要讲解了 102 个 Office 办公软件的实战技巧，方便读者遇到问题时查询。内容包括：❶ 33 个 Word 文字处理与排版技巧；❷ 41 个 Excel 电子表格与数据处理技巧；❸ 28 个 PPT 幻灯片设计与制作技巧。

　　本书注重理论知识与实际工作的结合，每章都从经典案例出发，图文并茂，分步讲解，在遇到重点难点时，适时安排"小技巧"和"小提示"板块，帮助读者更好地理解案例的制作要点和操作方法。

二、本书的内容特色

　　（1）以职场案例形式讲解知识技能的应用。本书精选了 27 个职场案例及技能类别，包括 Word、Excel、PPT 三大办公组件的办公技能，这些案例的参考性和实用性强，学完马上就能应用。

　　（2）使用思维导图进行思路解析。本书每章的章首页都配有一幅知识技能的思维导图，以及 27 个案例制作的思维导图。所有案例在讲解时都有细致的思维导图说明，借助思维导图可以厘清案例的制作思路，明白案例的制作要点和步骤，让学习逻辑更连贯，学习目标更明确。

　　（3）不仅讲解案例的制作方法，还传授相关的技能技巧。本书除了详细讲解案例的制作方法外，还在相关步骤及内容中合理安排了"小技巧"和"小提示"板块，以及 102 个办公技巧速查，是学习或操作应用中的避坑指南。

（4）全程图解操作，并配有案例教学视频。本书在进行案例讲解时，为每步操作都配有对应的操作截图，并清晰地标注了操作步骤的序号。本书相关内容的讲解都配有同步的多媒体教学视频，用微信扫一扫相应的二维码即可观看学习。

三、本书的配套资源及赠送资料

本书同步学习资料

❶ 素材文件：提供本书所有案例的素材文件，打开指定的素材文件可以同步练习操作并对照学习。

❷ 结果文件：提供本书所有案例的最终效果文件，可以打开文件参考制作效果。

❸ 视频文件：提供本书相关案例制作的同步教学视频，扫一扫书中知识标题旁边的二维码即可观看学习。

额外赠送学习资料

❶《电脑新手必会：电脑文件管理与系统管理技巧》电子书。

❷《Word、Excel、PPT 高效办公快捷键速查表》电子书。

❸《电脑日常故障的诊断与解决指南》电子书。

❹《五笔打字速成手册》电子书。

❺ 220 分钟共 12 集《新手学电脑办公综合技能》视频教程。

❻ 2000 个 Word、Excel、PPT 办公模板。

备注：以上资料扫描下方二维码，关注公众号，输入"qnsc01"，即可获取配套资源下载方式。

本书既适合即将毕业走向工作岗位的广大毕业生学习，也适合已经参加工作但缺乏职场办公技能的相关人员学习。一书在手，职场办公无忧！掌握本书技能，让你早做完，不加班，升职加薪不是梦！

本书由朱维编写，其具有多年的一线商务办公教学经验和办公实战应用技巧。

由于计算机技术发展较快，书中疏漏和不足之处在所难免，恳请广大读者指正。

读者信箱：2315816459@qq.com

读者学习交流 QQ 群：431474616

目　录

第一篇

办公实战案例篇

第1章

使用 Word 录入与编排文档

本章导读

Word 2019 是 Microsoft 公司推出的一款强大的文字处理软件，工作中需要制作的各种文档都可以通过 Word 2019 完成。本章将通过制作销售合同和公司行政管理手册，介绍使用 Word 2019 录入与编排文档的方法。

知识技能

本章相关案例及知识技能如下图所示。

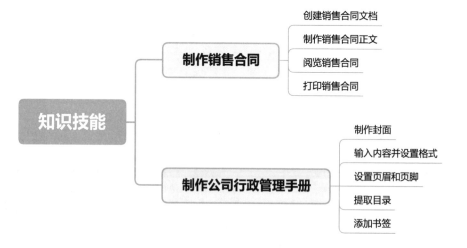

知识技能

制作销售合同
- 创建销售合同文档
- 制作销售合同正文
- 阅览销售合同
- 打印销售合同

制作公司行政管理手册
- 制作封面
- 输入内容并设置格式
- 设置页眉和页脚
- 提取目录
- 添加书签

1.1　制作销售合同

案例说明

　　销售合同是指平等主体的自然人、法人、其他组织之间设立、变更、终止民事权利与义务关系的协议。在进行销售活动之前，首先要签订销售合同，以保障销售方与购买方的权益。本节使用 Word 2019 的文档编辑功能，详细介绍制作销售合同类文档的具体步骤（结果文件参见：结果文件 \ 第 1 章 \ 销售合同 .docx）。

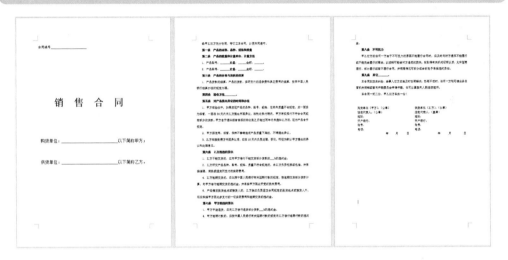

思路分析

　　销售合同是交易双方的权益保障，在制作销售合同时，要新建 Word 文档，然后输入文档内容，并设置文本格式和段落格式。文档制作完成后，可以在各种视图下浏览文件，以完善文件内容，然后设置打印参数，将文档打印为纸质文件。本案例的具体制作思路如下图所示。

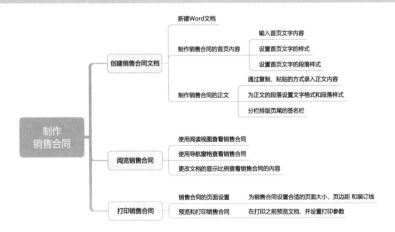

1.1.1 创建销售合同文档

扫一扫，看视频

在编排销售合同前，首先需要在 Word 2019 中新建文档，然后输入文档内容。

1. 新建 Word 文档

新建 Word 文档是编排销售合同文档的第一步，操作方法如下。

步骤 01 打开 Word 2019 软件，在"开始"菜单中选择"空白文档"命令。

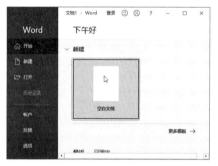

步骤 02 ❶ 此时将创建一个 Word 文档；❷ 单击快速访问工具栏中的"保存"按钮。

步骤 03 ❶ 在打开的页面中选择"另存为"选项；❷ 单击右侧的"浏览"按钮。

步骤 04 ❶ 打开"另存为"对话框，设置文件名和保存类型；❷ 单击"保存"按钮。

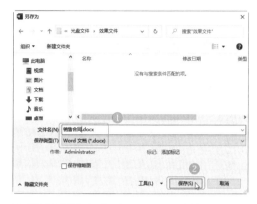

步骤 05 操作完成后返回 Word 文档，可以看到文件已经保存为所设置的文件名。

小技巧

在需要创建 Word 文档的文件夹中右击，然后在弹出的快捷菜单中选择"新建"→"Microsoft Word 文档"命令，新建文档的名称默认为"新建 Microsoft Word 文档"，并呈选中状态，在其中输入文件名即可重命名该文档。

2. 输入销售合同首页内容

新建文档后就可以开始制作销售合同首页了。销售合同首页包括合同编号、购货单位、供货单位等信息，制作方法如下。

步骤 01 切换到自己熟练的输入法，❶ 输入"合同编号"文本；❷ 按 Enter 键进行换行，即将光标定位到第二行行首，继续输入销售合同的其他内容。

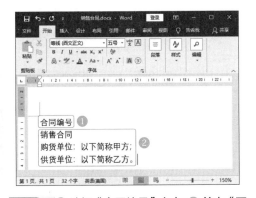

步骤 02 ① 选择"合同编号"文本；② 单击"开始"选项卡"字体"组中的"字体"下拉按钮▼；③ 在弹出的下拉菜单中选择"宋体"。

步骤 03 保持文本的选中状态，① 单击"开始"选项卡"字体"组中的"字号"下拉按钮▼；② 在弹出的下拉菜单中选择"小四"。

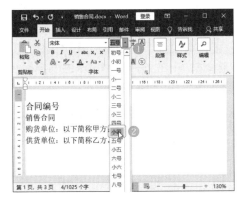

步骤 04 ① 将光标定位到"合同编号"文本后；② 单击"开始"选项卡"字体"组中的"下画线"按钮 U 。

步骤 05 ① 在文本后输入空格；② 单击"开始"选项卡"段落"组中的"行和段落间距"下拉按钮 ；③ 在弹出的下拉菜单中选择"3.0"选项。

步骤 06 ① 选中"销售合同"文本；② 在"开始"选项卡的"字体"组中设置字体为"宋体"，字号为"小初"。

步骤 07 保持文本的选中状态，单击"开始"选项卡"段落"组中的"居中"按钮 。

步骤 08 保持文本的选中状态，❶ 单击"开始"选项卡"段落"组中的"行和段落间距"下拉按钮 ‡≡·；❷ 在弹出的下拉菜单中选择"行距选项"命令。

步骤 09 打开"段落"对话框，❶ 在"缩进和间距"选项卡的"间距"选项组中设置"段前"为"10行"，"段后"为"5行"；❷ 单击"确定"按钮。

步骤 10 保持文本的选中状态，单击"开始"选项卡"字体"组中的"对话框启动器"按钮 ⌐。

步骤 11 打开"字体"对话框，❶ 在"高级"选项卡的"间距"下拉列表中选择"加宽"选项，在"磅值"数值框中设置数值为"20磅"；❷ 单击"确定"按钮。

步骤 12 ❶ 选择"购货单位"和"供货单位"段落文本；❷ 在"开始"选项卡的"字体"组中设置字体为"宋体"，字号为"三号"。

步骤 13 ❶ 使用前面的方法，在"购货单位"和"供货单位"文本后添加下画线，然后选中整个段落文本；❷ 单击"开始"选项卡"段落"组中的"居中"按钮 ≡；❸ 单击"段落"组中的"对话框启动器"按钮 ↘。

步骤 14 打开"段落"对话框，❶ 在"缩进和间距"选项卡的"行距"下拉列表中选择"多倍行距"，在右侧的"设置值"数值框中设置数值为"5"；❷ 单击"确定"按钮。

步骤 15 操作完成后返回文档操作界面，可以看到销售合同首页完成后的效果。

1.1.2 制作销售合同正文

扫一扫，看视频

　　销售合同首页制作完成后，就可以录入文档内容了。在录入内容时，需要对内容进行排版设置，以及灵活使用格式刷进行格式设置。

1. 插入分页符

　　分页符是分页的一种符号，是上一页结束以及下一页开始的位置。插入分页符，可以快速地创建空白页，操作方法如下。

步骤 01 ❶ 将光标定位到首页文本的末尾处；❷ 单击"插入"选项卡"页面"组中的"分页"按钮。

步骤 02 单击"开始"选项卡"字体"组中的"清除所有格式"按钮 ❖。

2. 复制正文内容

在录入和编辑文档内容时，有时需要从外部文件或其他文档中复制一些文本内容。例如，本案例中将从素材文本文件中复制销售合同的内容到 Word 中进行编辑，操作方法如下。

步骤 01 ❶ 打开"素材文件 \ 第 1 章 \ 销售合同 .txt"文件，选择要复制的内容；❷ 右击，在弹出的快捷菜单中选择"复制"命令。

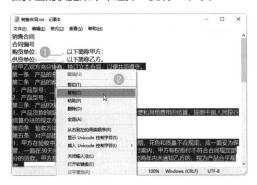

步骤 02 ❶ 将光标定位到 Word 文档中；❷ 单击"开始"选项卡"剪贴板"组中的"粘贴"按钮，即可将复制的内容粘贴到文档中。

🔔 小技巧

在 Word 2019 中粘贴复制的内容后，根据复制源内容的不同，自带的格式也会不同。为了避免复制源内容的格式，在复制内容后，单击"粘贴"下拉按钮▼，从弹出的下拉菜单中选择"只保留文本"的粘贴方式。

3. 设置字体格式和段落样式

Word 2019 的默认字体格式为"等线，五号"，在编辑正文文本时，需要对文档内文的字体、行距等进行设置。

步骤 01 ❶ 选中所有正文文本；❷ 单击"开始"选项卡"字体"组中的"字体"下拉按钮▼；❸ 在弹出的下拉菜单中选择"宋体"。

步骤 02 保持文本的选中状态，单击"开始"选项卡"段落"组中的"对话框启动器"按钮 ⌐ 。

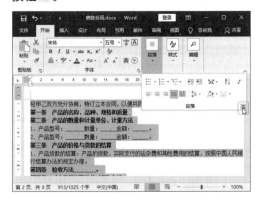

步骤 03 打开"段落"对话框，❶ 在"缩进"选项组设置"特殊"为"首行"，"缩进值"为"2字符"；❷ 在"间距"选项组设置"行距"为"1.5倍行距"；❸ 单击"确定"按钮。

4. 分栏排版文本

销售合同页尾的签名多为左右排版，此时可以使用分栏功能将其分为两栏。

步骤 01 ❶ 选择签名文本；❷ 单击"布局"选项卡"页面设置"组中的"栏"下拉按钮；❸ 在弹出的下拉菜单中选择"两栏"命令。

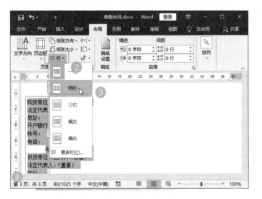

步骤 02 ❶ 将光标定位到日期段落；❷ 单击"开始"选项卡"段落"组中的"右对齐"按钮 。

步骤 03 使用相同的方法将右侧的日期设为右对齐，完成正文的制作。

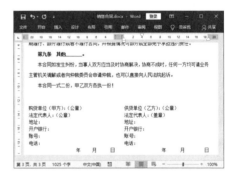

1.1.3　阅览销售合同

扫一扫，看视频

在编排完文档后，通常需要对文档排版后的整体效果进行查看，本节将以不同的方式对销售合同文档进行查看。

1. 使用阅读视图

Word 2019 提供了全新的阅读视图模式。进入阅读模式后，单击左、右箭头按钮即可完成翻屏。此外，Word 2019 阅读视图模式中提供了 3 种页面背景色：默认的白底黑字、棕黄背景以及适合于黑暗环境的黑底白字，方便用户在各种环境下阅读。

步骤 01 单击"视图"选项卡"视图"组中的"阅读视图"按钮。

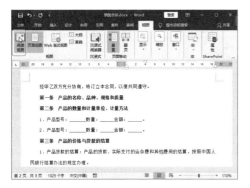

步骤 02 ❶ 进入"阅读视图"界面，单击左、右箭头按钮即可完成翻屏；❷ 单击"视图"菜单；❸ 在弹出的下拉菜单中选择"页面颜色"命令；❹ 在弹出的子菜单中选择一种页面颜色。

步骤 03 ❶ 如果要退出阅读模式，可以单击"视图"菜单；❷ 在弹出的下拉菜单中选择"编辑文档"命令。

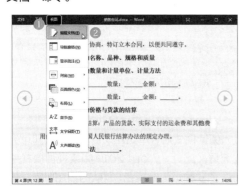

🔔 **小技巧**

　　在视图模式中，按 Esc 键也可以退出视图模式并返回编辑状态。

2. 应用"导航窗格"

　　Word 2019 提供了可视化的"导航窗格"功能。使用"导航窗格"可以快速查看文档结构图和页面缩略图，从而帮助用户快速定位文档位置。在 Word 2019 使用"导航窗格"浏览文档的具体步骤如下。

步骤 01 在"视图"选项卡中勾选"显示"组的"导航窗格"复选框。

步骤 02 ❶ 单击"导航窗格"中的"页面"选项卡；❷ 选择页面缩略图即可查看该页面。

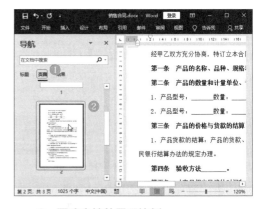

3. 更改文档的显示比例

　　在 Word 2019 文档窗口中，可以设置页面的显示比例，从而调整 Word 2019 文档窗口的大小。显示比例仅仅调整文档窗口的显示大小，并不会影响实际的打印效果。例如，要将显示比例调整为132%，操作方法如下。

步骤 01 单击"视图"选项卡"缩放"组中的"缩放"按钮。

步骤 02 ❶ 打开"缩放"对话框，在"百分比"数值框中输入"132%"；❷ 单击"确定"按钮。

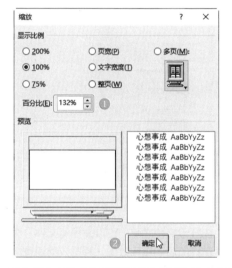

步骤 03 如果不再需要更改显示比例，单击"视图"选项卡"缩放"组中的"100%"按钮，可以将视图比例还原到原始大小。

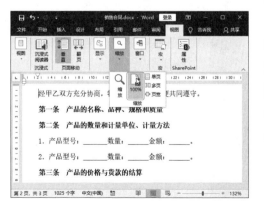

1.1.4　打印销售合同

扫一扫，看视频

　　销售合同制作完成后，需要打印出来，以供购货单位和供货单位签字盖章，为销售合同赋予法律效应。在打印销售合同之前，需要进行相关的设置，如设置页面大小、装订线、页边距等。

1. 设置页面大小

　　Word 2019 默认的页面大小为 A4，最常用的普通打印纸也为 A4，如果需要其他规格的纸张大小，可以在"布局"选项卡中设置。

　　❶ 单击"布局"选项卡"页面设置"组中的"纸张大小"下拉按钮；❷ 在弹出的下拉菜单中选择需要的纸张大小即可。

小技巧

　　如果预设的纸张大小不能满足要求，可以在"纸张大小"下拉菜单中选择"其他纸张大小"命令，在弹出的"页面设置"对话框的"纸张"选项卡中选择更多的纸张大小。

2. 设置页边距

　　为文档设置合适的页边距可以使打印的文档美观。页边距包括上、下、左、右页边距，如果默认的页边距不适合正在编辑的文档，可以通过设置进行修改。

步骤 01 ❶ 单击"布局"选项卡"页面设置"组中的"页边距"下拉按钮；❷ 在弹出的下拉

菜单中选择一种页边距，如果下拉菜单中没有合适的页边距，可以单击"自定义页边距"命令。

步骤 02 打开"页面设置"对话框，❶ 在"页边距"选项卡的"页边距"选项组中分别设置上、下、左、右的页边距；❷ 设置"纸张方向"为"纵向"；❸ 单击"确定"按钮。

3. 设置装订线

合同打印出来以后大多会装订保存，在打印前需要为文档设置装订线。

打开"页面设置"对话框，❶ 在"页边距"选项卡中设置"装订线"为"1 厘米"，"装订线位置"为"靠上"；❷ 设置"纸张方向"为"纵向"；❸ 单击"确定"按钮。

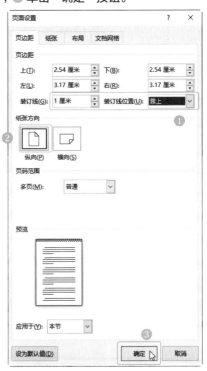

4. 预览和打印文档

在打印文档之前，可以先预览文件，查看文件在打印后的显示效果，预览效果满意之后再设置相应的打印参数来打印文档。

❶ 在"文件"选项卡中单击"打印"选项；❷ 在"打印"窗口的右侧可以预览该文件；❸ 预览完成后，设置打印的份数；❹ 单击"打印"按钮即可打印文件。

1.2 制作行政管理手册

案例说明

　　行政管理手册是根据公司情况制定的内部管理手册，包括相关制度流程的制定和执行、日常办公事务管理、办公物品管理、公文文件管理、档案管理、会议管理等。制作行政管理手册的最终目的是通过各种规章制度使部门之间形成密切配合的关系，使公司在运转中成为一个高效、稳定的整体。本案例制作完成后的效果如下图所示（结果文件参见：结果文件 \ 第 1 章 \ 行政管理手册 .docx）。

思路分析

　　在制作公司行政管理手册时，首先需要插入一个专业的封面，然后为标题和正文设置需要的样式，以方便录入时快速应用样式，然后设置页眉和页脚，并提取手册的一级标题为目录，最后在需要快速查看的位置添加书签，即可完成制作。本案例的具体制作思路如下图所示。

具体操作步骤及方法如下。

1.2.1 制作封面

扫一扫，看视频

为行政管理手册制作一个带有公司图标的封面，既能提升行政管理手册的专业性，又能美化手册。

1. 插入内置封面

Word 2019 内置了多种封面模板，如果需要为行政管理手册制作封面，可以使用内置封面轻松地制作出专业、美观的封面。

步骤 01 新建 Word 文档，❶ 单击"插入"选项卡"页面"组中的"封面"下拉按钮；❷ 在弹出的下拉列表中选择一种封面样式即可插入内置封面。

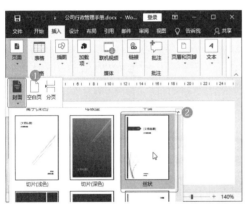

步骤 02 在"标题"控件中输入"行政管理手册"。

步骤 03 ❶ 单击"日期"控件右侧的下拉按钮 ▼；❷ 在弹出的下拉菜单中选择日期。

步骤 04 在页面下方的"公司名称"控件中输入公司名称。

2. 删除多余控件

内置封面中包含多个内容控件，如果不需要使用全部的内容控件，也可以删除多余的控件。

在需要删除的控件上右击，在弹出的快捷菜单中选择"删除内容控件"命令即可。

小提示

　　插入的封面样式不同，其控件可能会有所区别，可以根据实际情况选用。

3. 插入封面图片

　　在封面中插入图片可以丰富封面内容，操作方法如下。

步骤 01 ❶ 将光标定位到要插入图片的位置；❷ 单击"插入"选项卡"插图"组中的"图片"下拉按钮；❸ 在弹出的下拉菜单中选择"此设备"命令。

步骤 02 打开"插入图片"对话框，❶ 选择"素材文件\第1章\办公大楼.jpg"图片；❷ 单击"插入"按钮。

步骤 03 ❶ 选中图片；❷ 单击"图片工具 / 格式"选项卡"大小"组中的"裁剪"按钮。

步骤 04 拖动图片四周的裁剪点，裁剪图片，完成后按 Enter 键确认。

步骤 05 将鼠标指针移到图片周围的控制点上，当鼠标指针变为双向箭头 ↖ 或 ↔ 时按下鼠标左键拖动，将图片调整到合适的大小。

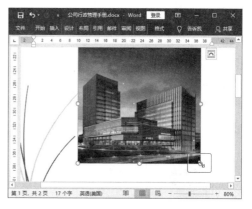

步骤 06 ❶ 单击"图片工具 / 格式"选项卡中的"快速样式"下拉按钮；❷ 在弹出的下拉菜单中选择一种图片样式。

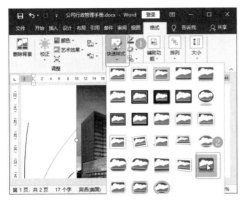

4. 插入公司标志

在行政管理手册中还可以插入公司标志，操作方法如下。

步骤 01 打开"插入图片"对话框，❶ 选择"素材文件＼第1章＼标志.JPG"图片；❷ 单击"插入"按钮。

步骤 02 ❶ 选中图片；❷ 单击"图片工具／格式"选项卡"排列"组中的"环绕文字"下拉按钮；❸ 在弹出的下拉菜单中选择"浮于文字上方"命令。

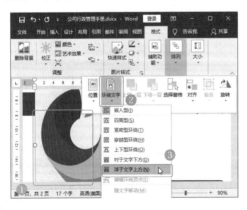

步骤 03 单击"图片工具／格式"选项卡"调整"组中的"删除背景"按钮。

步骤 04 ❶ 标记需要删除和保留的图片区域；❷ 单击"背景消除"选项卡"关闭"组中的"保留更改"按钮。

步骤 05 将鼠标指针移到图片周围的控制点上，当鼠标指针变为双向箭头 或 时按下鼠标左键拖动，将图片调整到合适的大小。

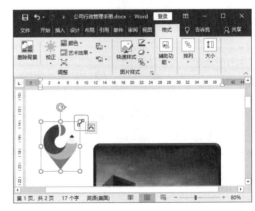

步骤 06 选中图片，当鼠标指针变为 时按住鼠标左键，将图片拖动到合适的位置。

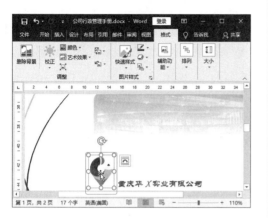

1.2.2 输入内容并设置格式

在输入行政管理手册的内容时，需要对标题和正文分别设置格式。如果需要多次使用某一样式，可以为该样式新建文字格式，并为样式设置快捷键，以提高工作效率。

扫一扫，看视频

1. 设置样式

在输入文本内容后，需要为其设置样式，操作方法如下。

步骤 01 在文档中输入文字"总则"，① 设置字体格式为"隶书，二号，居中"；② 选择"总则"两字；③ 单击"开始"选项卡"样式"组中的"对话框启动器"按钮 。

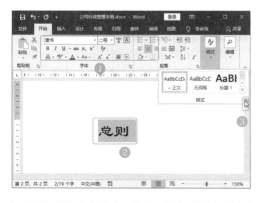

步骤 02 打开"样式"窗格，单击"新建样式"

按钮 。

步骤 03 打开"根据格式化创建新样式"对话框，① 设置"名称"为"行政手册标题"，设置"后续段落样式"为"正文"；② 单击"格式"按钮；③ 在弹出的下拉菜单中选择"快捷键"命令。

步骤 04 打开"自定义键盘"对话框，① 将光标定位到"请按新快捷键"文本框中，按下 Alt+1 组合键设置该样式的快捷键；② 单击"指定"按钮。

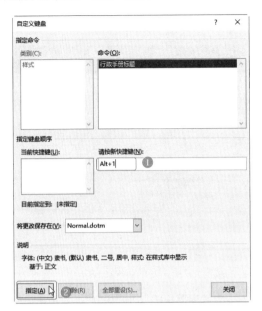

步骤 05 操作完成后可以在"当前快捷键"列表框中查看设置的快捷键，单击"关闭"按钮，返回"根据格式化创建新样式"对话框，单击"确定"按钮。

步骤 06 ❶ 根据素材文件输入后续正文内容，选中正文内容；❷ 在"样式"窗格中单击"正文"

选项右侧的下拉按钮▼；❸ 在弹出的下拉菜单中选择"修改"命令。

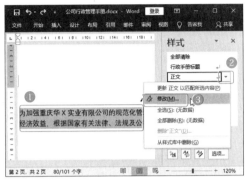

步骤 07 打开"修改样式"对话框；❶ 单击"格式"下拉按钮；❷ 在弹出的下拉菜单中选择"段落"命令。

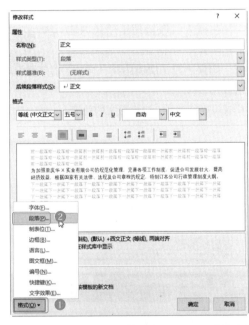

步骤 08 打开"段落"对话框，❶ 设置"特殊"为"首行"，"缩进值"默认为"2 字符"；❷ 设置"行距"为"1.5 倍行距"；❸ 单击"确定"按钮。

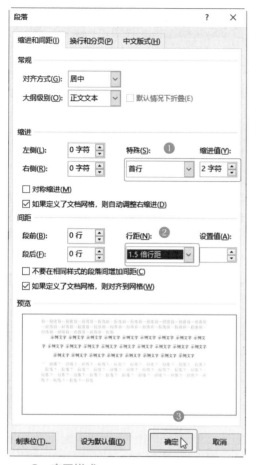

2. 应用样式

为内容设置了样式之后，就可以快速为正文设置文本样式，操作方法如下。

步骤 01 继续输入标题文本，输入完成后按 Alt+1 组合键为标题应用标题样式。

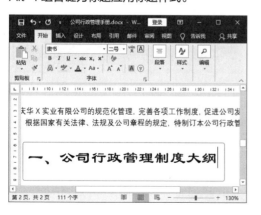

步骤 02 继续输入正文文本，输入完成后单击"样式"窗格中的"正文"样式，应用正文样式。

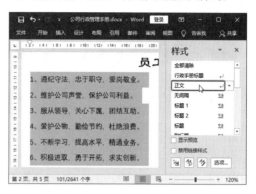

1.2.3　设置页眉和页脚

扫一扫，看视频　行政管理手册的正文制作完成后，将公司的名称、标志、页码等信息设置在页眉和页脚中，既可以美化文档，还可以增强文档的统一性与规范性。

1. 插入奇数页的页眉和页脚

在为行政管理手册插入页眉和页脚时，可以分别设置奇数页和偶数页的页眉和页脚，操作方法如下。

步骤 01 ❶ 在奇数页双击页眉区域，进入页眉编辑状态；❷ 单击"开始"选项卡"字体"组中的"清除所有格式"按钮。

🔔 小提示

因为本案例插入了封面页，所以首页并不计算在页码中，奇数页为正文的第 1 页。

步骤 02 ❶ 在页眉处输入公司名称；❷ 设置公司名称的文本格式为"华文行楷,小四,深红,右对齐"。

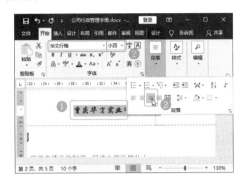

步骤 03 ❶ 将光标定位到公司名称的右侧；❷ 单击"页眉和页脚工具／设计"选项卡"插入"组中的"图片"按钮。

步骤 04 打开"插入图片"对话框，❶ 选择"素材文件＼第1章＼标志.JPG"图片；❷ 单击"插入"按钮。

步骤 05 ❶ 选中插入的图片；❷ 在"图片工具／格式"选项卡的"大小"组中设置图片的高度和宽度。

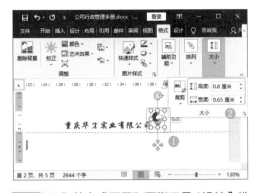

步骤 06 ❶ 单击"页眉和页脚工具／设计"选项卡"页眉和页脚"组中的"页码"下拉按钮；❷ 在弹出的下拉菜单中选择"页面底端"命令；❸ 在弹出的子菜单中选择"标签2"样式。

2. 设置偶数页的页眉和页脚

为奇数页插入页眉和页脚之后，所有页面会同时应用该页眉和页脚样式。可以通过设置为偶数页设置不同的页眉和页脚。

步骤 01 勾选"页眉和页脚工具／设计"选项卡"选项"组中的"奇偶页不同"复选框。此时，将删除偶数页的页眉和页脚。

步骤 02 ❶ 将光标定位到任意偶数页的页眉处；❷ 单击"开始"选项卡"字体"组中的"清除所有格式"按钮 ❖ 。

步骤 03 ❶ 将奇数页的页眉复制到偶数页的页眉处，选中页眉内容；❷ 单击"开始"选项卡"段落"组中的"左对齐"按钮 ☰ 。

步骤 04 ❶ 将公司标志图片添加到公司名称的左侧；❷ 在"图片工具 / 格式"选项卡的"大小"组中设置图片的高度和宽度。

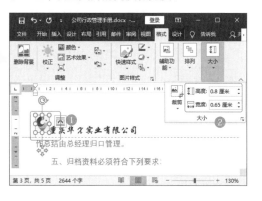

步骤 05 ❶ 单击"页眉和页脚工具 / 设计"选项卡"页眉和页脚"组中的"页码"下拉按钮；❷ 在弹出的下拉菜单中选择"页面底端"命令；❸ 在弹出的子菜单中选择"标签 1"样式。

步骤 06 单击"页眉和页脚工具 / 设计"选项卡"关闭"组中的"关闭页眉和页脚"按钮。

1.2.4 提取目录

扫一扫，看视频

　　行政管理手册的内容输入完成后，因为内容较多，为了方便阅读者了解大致结构和快速查看所需的内容，可以提取目录。

步骤 01 将光标定位到"总则"文本前，❶ 单击"引用"选项卡"目录"组中的"目录"下拉按钮；❷ 在弹出的下拉菜单中选择"自定义目录"命令。

步骤 02 打开"目录"对话框，单击"选项"按钮。

步骤 03 打开"目录选项"对话框，❶ 删除"目录级别"数值框中的所有数值，在"行政手册标题"右侧的数值框中输入"1"；❷ 单击"确定"按钮。

步骤 04 返回文档中即可看到已经插入目录，如果要通过目录查看文档，按住 Ctrl 键单击目录链接即可跳转至正文中。

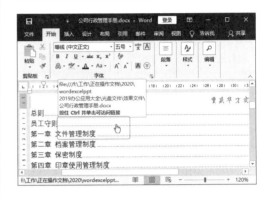

1.2.5 添加书签

行政管理手册中涉及的条款众多，如果需要经常查看某些条款，可以为常用、重要的条款添加书签，以便在查看时可以快速定位。

扫一扫，看视频

1. 设置书签

添加书签的方法很简单，下面以为文档添加"印章的使用"书签为例介绍操作方法。

步骤 01 ❶ 将光标定位到需要添加书签的段落中；❷ 单击"插入"选项卡"链接"组中的"书签"按钮。

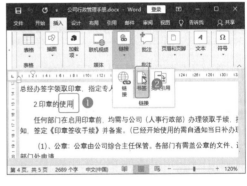

步骤 02 打开"书签"对话框，❶ 在"书签名"文本框中输入"印章的使用"；❷ 单击"添加"按钮即可成功添加书签。

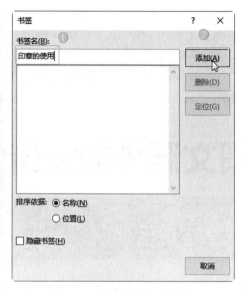

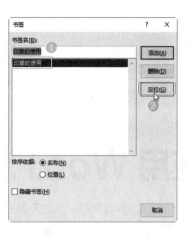

2. 通过书签定位文档

为文档添加书签之后，就可以通过书签定位文档。

打开"书签"对话框，❶选中需要定位的书签名；❷单击"定位"按钮即可。

本章小结

本章通过两个综合案例，系统地讲解了使用 Word 2019 录入文档、设置文字和段落格式、打印文档的方法，以及插入封面、目录、分页符、页眉和页脚的技巧。通过本章的学习，可以初步了解 Word 2019 的基本编排功能，轻松完成文档的录入与编排。

 读书笔记

第2章

使用 Word 制作图文混排的文档

本章导读

在编辑 Word 文档时，应用各种图形元素可以创建更具有艺术效果的精美文档。本章将通过制作公司组织结构图、车间工作流程图和促销海报，介绍 Word 2019 的图文混排功能的应用。

知识技能

本章相关案例及知识技能如下图所示。

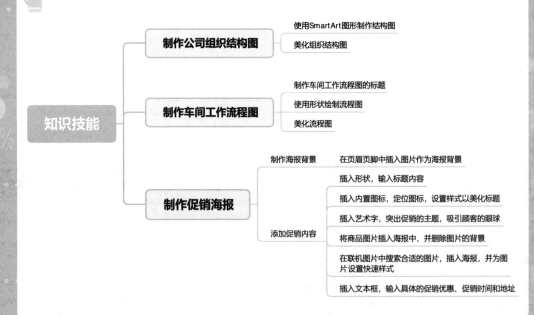

2.1 制作公司组织结构图

案例说明

公司组织结构图可以直观地表明公司各部门之间的关系，是公司内部流程运转、部门设置及职能规划等最基本的结构依据。本案例制作完成后的效果如下图所示（结果文件参见：结果文件 \ 第 2 章 \ 公司组织结构图 .docx）。

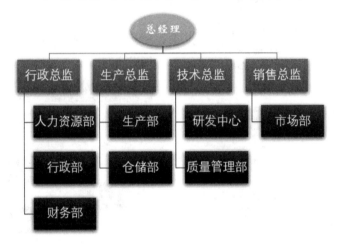

思路分析

在制作公司组织结构图时，首先要选择合适的 SmartArt 图形样式，并添加合适的形状来输入文本内容。在制作完成后，如果发现结构布局不合理，要及时更改布局。为了图形的美观，可以套用 SmartArt 图形的颜色和样式，还可以更改图形的形状，重点突出某一个图形。本案例的具体制作思路如下图所示。

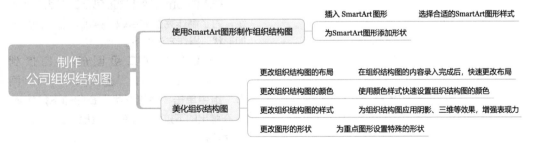

具体操作步骤及方法如下。

2.1.1 使用 SmartArt 图形制作结构图

扫一扫，看视频

Word 2019 提供了多种样式的 SmartArt 图形，用户可以根据需要选择适当的图形样式插入文档中。

1. 插入 SmartArt 图形

在选择 SmartArt 图形时，可以根据用途选择不同的图形。例如制作组织结构图，可以使用层次结构组中的图形。

步骤 01 启动 Word 程序，新建一个名为"公司组织结构图 .docx"的文档。❶ 输入组织结构图的标题；❷ 在"开始"选项卡中设置标题的文本格式。

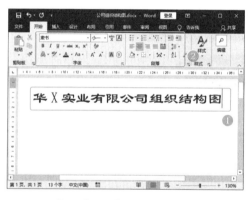

步骤 02 单击"插入"选项卡"插图"组中的 SmartArt 按钮。

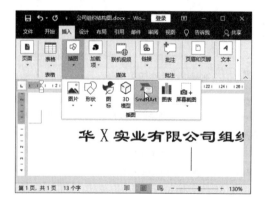

步骤 03 ❶ 打开"选择 SmartArt 图形"对话框，在左侧列表框中选择"层次结构"；❷ 在右侧列表框中选择具体的图形布局；❸ 单击"确定"按钮。

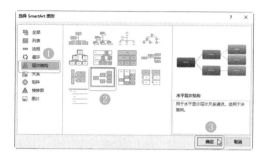

步骤 04 在"在此处键入文字"窗格中输入公司组织结构图的内容。

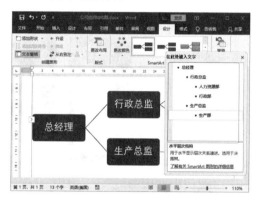

🔔 小提示

也可以关闭"在此处键入文字"窗格，将光标定位到形状中直接输入文字。

2. 为 SmartArt 图形添加形状

插入的 SmartArt 图形包含的形状个数固定，为了制作完整的组织结构图，需要为其添加形状，操作方法如下。

步骤 01 ❶ 单击第二级图形；❷ 切换到 "SmartArt 工具 / 设计"选项卡，在"创建图形"组中单击"添加形状"右侧的下拉按钮；❸ 在弹出的下拉菜单中单击"在后面添加形状"命令。

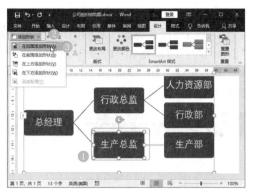

步骤 02 ❶ 在新建的第二级图形中直接输入文本；❷ 选择新建的图形，在"SmartArt 工具 / 设计"选项卡"创建图形"组中单击"添加形状"右侧的下拉按钮；❸ 在弹出的下拉菜单中选择"在下方添加形状"命令。

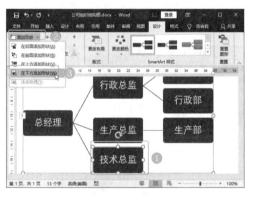

步骤 03 使用相同的方法在其他形状下方添加形状，并输入文本。完成后的效果如下图所示。

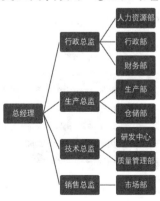

华 X 实业有限公司组织结构图

小技巧

在 SmartArt 图形制作完成后，有时还需要升级或降级形状，此时单击"SmartArt 工具 / 格式"选项卡"创建图形"组中的"升级"按钮或"降级"按钮即可。

2.1.2　美化组织结构图

制作好 SmartArt 图形之后，为了使其更加美观，可以对图形做一些修饰。本节将更改组织结构图的布局，并为组织结构图添加一些修饰。

扫一扫，看视频

1. 更改组织结构图的布局

SmartArt 图形制作完成后，如果觉得布局不合理，可以更改布局。

步骤 01 ❶ 选 中 SmartArt 图 形；❷ 单 击"SmartArt 工具 / 设计"选项卡"版式"组中的"更改布局"下拉按钮；❸ 在弹出的下拉列表中选择需要更改的布局。

步骤 02 操作完成后即可看到最终效果。

华 X 实业有限公司组织结构图

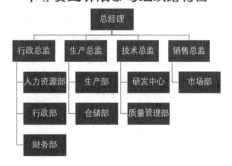

🔔 小技巧

在创建完成 SmartArt 图形后，还可以让图形镜像翻转，操作方法是：选中 SmartArt 图形，单击"SmartArt 工具 / 设计"选项卡"创建图形"组中的"从右到左"按钮。

2. 套用 SmartArt 图形的颜色和样式

为了更好地修饰 SmartArt 图形，使图形结构更加美观，还可以对 SmartArt 图形的颜色和样式进行更改。

步骤 01 ❶ 选 中 SmartArt 图 形；❷ 单击"SmartArt 图形 / 设计"选项卡"SmartArt 样式"组中的"更改颜色"下拉按钮；❸ 在弹出的下拉列表中单击需要的主题颜色。

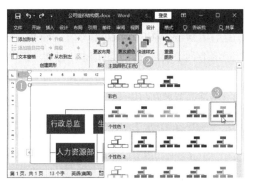

步骤 02 ❶ 保 持 图 形 的 选 中 状 态，单击"SmartArt 图形 / 设计"选项卡"SmartArt 样式"组中的"快速样式"下拉按钮；❷ 在弹出的下拉列表中单击需要的外观样式。

3. 更改图形形状

创建了 SmartArt 图形之后，也可以更改图形的形状。

步骤 01 ❶ 选择要更改形状的图形；❷ 单击"SmartArt 工具 / 格式"选项卡"形状"组中的"更改形状"下拉按钮；❸ 在弹出的下拉列表中选择"椭圆形"工具。

步骤 02 保持形状的选中状态，在"开始"选项卡的"字体"组中设置字体样式。

步骤 03 操作完成后即可看到图形的最终效果。

华 X 实业有限公司组织结构图

2.2　制作车间工作流程图

案例说明

　　在企业中，流程图主要用来说明某一工作的流程，具有简洁、易懂的特点，让员工可以快速了解工作流程。在生产车间，为了保障生产有序、高效地进行，大多都会制作车间工作流程图，指引员工的工作。本案例制作完成后的效果如下图所示（结果文件参见：结果文件\第 2 章\车间工作流程图.docx）。

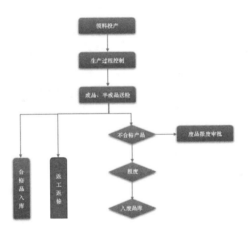

思路分析

　　在制作车间工作流程图时，首先需要使用艺术字制作流程图的标题，然后绘制流程图需要的形状，再使用箭头连接起来，最后为流程图添加文字。流程图的内容制作完成后，为了美观还需要对流程图进行样式设置。本案例的具体制作思路如下图所示。

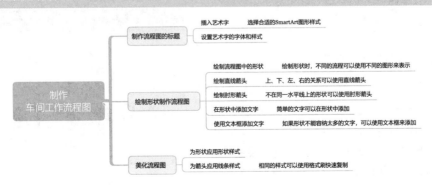

具体操作步骤及方法如下。

2.2.1 制作流程图的标题

扫一扫，看视频

流程图的标题是文档中起引导作用的重要元素，通常标题应具有醒目、突出主题的特点，同时可以为其加上一些特殊的修饰效果。本案例将使用艺术字为文档制作标题。

1. 插入艺术字

使用艺术字可以快速美化文字，本案例需要先新建一个名为"车间工作流程图"的 Word 文档，然后再进行如下操作。

步骤 01 启动 Word 程序，新建一个名为"车间工作流程图 .docx"的文档。❶ 单击"插入"选项卡"文本"组中的"艺术字"下拉按钮；❷ 在弹出的下拉列表中选择一种艺术字样式。

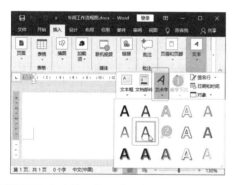

步骤 02 在文档工作区出现的图文框中输入标题文字的内容。

2. 设置艺术字的字体和样式

为了使艺术字的效果更加独特，可以设置艺术字的字体，以及在艺术字上添加各种修饰

效果。

步骤 01 ❶ 选择艺术字文字；❷ 在"开始"选项卡的"字体"组中设置字体格式。

步骤 02 保持艺术字的选中状态，❶ 单击"绘图工具 / 格式"选项卡"艺术字样式"组中的"文字效果"下拉按钮 Ⓐ；❷ 在弹出的下拉菜单中选择"转换"命令；❸ 在弹出的子菜单中选择一种转换样式。

步骤 03 保持艺术字的选中状态，❶ 单击"绘图工具 / 格式"选项卡"排列"组中的"位置"下拉按钮；❷ 在弹出的下拉列表中选择"顶端居中，四周型文字环绕"。

2.2.2　使用形状绘制流程图

在工作中，为了使员工更清晰地查看和理解工作过程，可以通过流程图的方法来表现工作过程。本案例将绘制一个流程图来表示车间工作的过程。

扫一扫，看视频

1. 绘制流程图中的形状

在绘制流程图时，需要使用大量的图形来表现过程，图形的绘制方法如下。

步骤 01 ❶ 单击"插入"选项卡"插图"组中的"形状"下拉按钮；❷ 在弹出的下拉列表中选择"矩形：圆顶角"工具▢。

步骤 02 在页面中如图所示的位置拖动鼠标左键，绘制出如下图所示的形状。

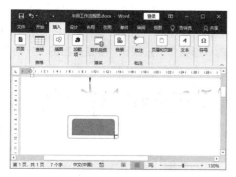

🔔 小技巧

绘制形状后，将自动解除绘图模式，如果要连续使用某个形状工具，可以右击该形状，在弹出的快捷菜中选择"锁定绘图模式"命令，绘制多个形状后，按 Esc 键解除锁定即可。

步骤 03 按住 Ctrl 键，复制两个相同的形状到页面下方。

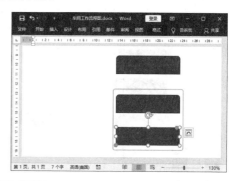

步骤 04 ❶ 单击"插入"选项卡"插图"组中的"形状"下拉按钮；❷ 在弹出的下拉列表中选择"菱形"工具◇。

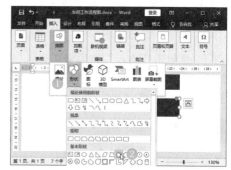

步骤 05 在矩形的下方绘制一个菱形。

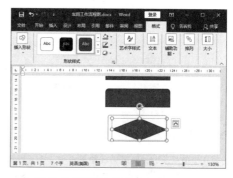

🔔 小提示

在 Word 中绘制形状时，按住 Ctrl 键拖动绘制，可以鼠标位置作为图形的中心点；按住 Shift 键拖动绘制，可以绘制固定宽高比的形状。如按住 Shift 键拖动绘制矩形，可以绘制正方形；按住 Shift 键拖动绘制圆形，可以绘制正圆形。

步骤 06 使用相同的方法，绘制整个流程图中的步骤形状。

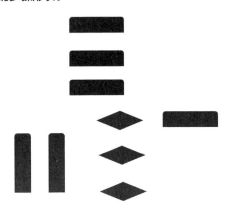

2. 绘制直线箭头

绘制好流程图后，可以使用线条工具绘制流程图中的箭头。下面绘制直线箭头，操作方法如下。

步骤 01 ① 单击"插入"选项卡"插图"组中的"形状"下拉按钮；② 在弹出的下拉列表中选择"直线箭头"工具 ＼。

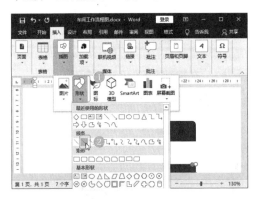

🔔 小提示

在绘制线条时，如果需要绘制水平、垂直或呈45°或45°倍数的线条，可以在绘制时按住 Shift键；在绘制具有多个转折点的线条时，可以使用"任意多边形"形状，绘制完成后按 Esc 键退出线条绘制即可。

步骤 02 在需要绘制直线箭头的形状上绘制直线箭头。

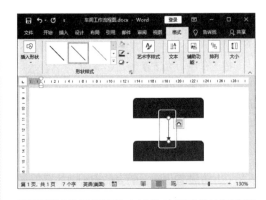

步骤 03 使用相同的方法为其他形状绘制直线箭头。

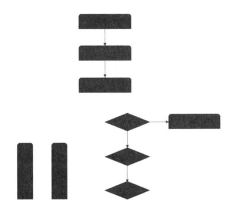

3. 绘制肘形箭头

肘形箭头常用于连接不在同一水平线上的形状，绘制完成后，还可以根据需要进行调整。

步骤 01 ① 单击"插入"选项卡"插图"组中的"形状"下拉按钮；② 在弹出的下拉列表中选择"肘形箭头"工具 ⌐。

小提示

　　如果绘制的是直线，也可以将其变成箭头，方法是选中直线，进入"设置形状格式"窗格中，设置"开始箭头类型"和"结尾箭头类型"选项的箭头形状即可。

步骤 02 ❶ 在下图所示的位置绘制折线箭头图形后，选中图形；❷ 单击"绘图工具 /格式"选项卡"排列"组中的"旋转"下拉按钮；❸ 在弹出的下拉菜单中选择"水平翻转"命令。

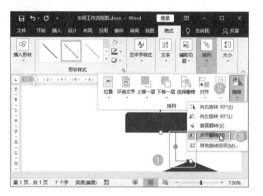

步骤 03 保持图形的选中状态，❶ 单击"绘图工具 / 格式"选项卡"排列"组中的"旋转"下拉按钮；❷ 在弹出的下拉菜单中选择"向左旋转 90°"命令。

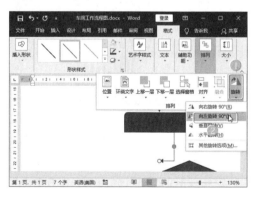

步骤 04 使用相同的方法绘制另一个肘形箭头，并拖动折线上的黄色小方块以调整折线线条。

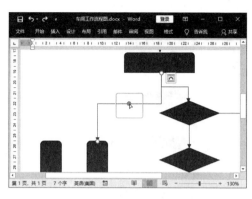

步骤 05 使用相同的方法绘制其他肘形箭头的线条，完成后的效果如下图所示。

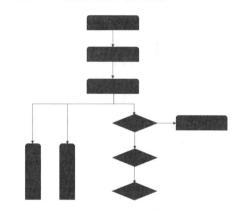

4．在形状内添加文字

　　在流程图的形状中，需要添加相应文字进行说明，操作方法如下。

步骤 01 ❶ 在形状上右击；❷ 在弹出的快捷菜单中选择"添加文字"命令。

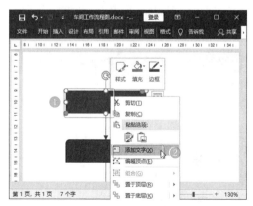

步骤 02 在光标处输入图形中文字的内容即可。

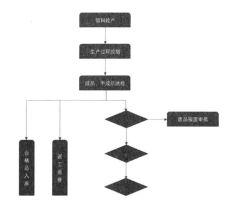

步骤 03 使用相同的方法为其他形状添加文字。

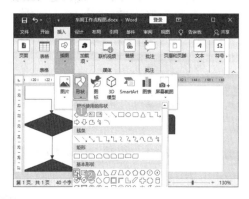

5. 利用文本框添加文字

对于不规则的流程图，直接添加文字可能会显示不全，此时可以使用文本框添加文字。

步骤 01 ❶ 单击"插入"选项卡"插图"组中的"形状"下拉按钮；❷ 在弹出的下拉列表中选择"文本框"工具。

单击"插入"选项卡"文本"组中的"文本框"下拉按钮，在弹出的下拉菜单中选择"绘制横排文本框"命令也可以插入文本框。

步骤 02 ❶ 在文本框中输入要添加的文字，选中文本框；❷ 单击"绘图工具/格式"选项卡"形状样式"组中的"形状填充"下拉按钮；❸ 在弹出的下拉菜单中选择"无填充"命令。

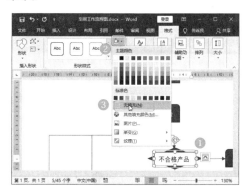

步骤 03 保持文本框的选中状态，❶ 单击"绘图工具/格式"选项卡"形状样式"组中的"形状轮廓"下拉按钮；❷ 在弹出的下拉菜单中选择"无轮廓"命令。

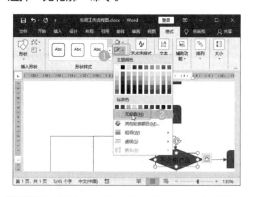

步骤 04 保持文本框的选中状态，❶ 在键盘上按上、下、左、右键调节文本框的位置，使文字位于形状的正中位置；❷ 在"开始"选项卡的"字体"组中设置字体样式，使其与其他形状中文字的字体相同。

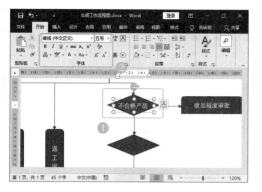

步骤 05 使用相同的方法为其他形状添加文本框。

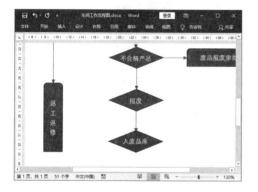

2.2.3　美化流程图

　　绘制好图形后，常常需要在图形上添加各种美化元素，使图形看起来更具艺术效果，从而更具吸引力和感染力。

扫一扫，看视频

步骤 01 ❶ 选中要进行美化的图形；❷ 在"绘图工具 / 格式"选项卡的"形状样式"组中选择一种内置的形状样式。

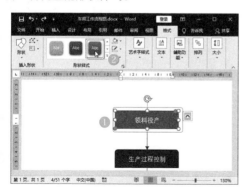

步骤 02 使用相同的方法为其他形状设置形状样式。

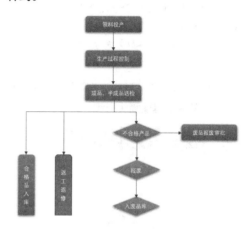

步骤 03 ❶ 选中箭头图形；❷ 在"绘图工具 / 格式"选项卡的"形状样式"组中选择一种内置的形状样式。

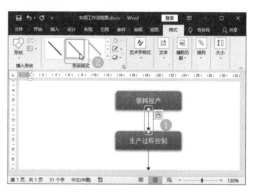

步骤 04 保持箭头图形的选中状态，双击"开始"选项卡"剪贴板"组中的"格式刷"按钮。

小提示

如果单击"格式刷"按钮，复制一次格式后会自动释放格式刷。双击"格式刷"按钮，可以锁定格式刷，为所有对象应用了格式之后按 Esc 键释放格式刷即可。

步骤 05 此时鼠标指针将变为 ，单击需要应用箭头样式的其他箭头形状。

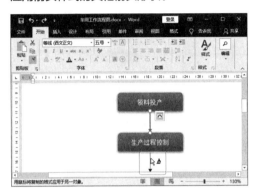

步骤 06 操作完成后，车间工作流程图的最终效果如下图所示。

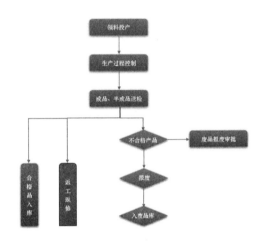

读书笔记

2.3 制作促销海报

案例说明

　　促销海报主要以图片表达为主，文字表达为辅。制作一份突出产品特色的促销海报，可以吸引顾客前来购买商品。本案例将制作一份玩具店的促销海报，其中主要涉及图形、图标、艺术字、图片和文本框的使用。本案例制作完成后的效果如下图所示（结果文件参见：结果文件\第 2 章\促销海报 .docx）。

思路分析

　　在制作促销海报时，首先需要制作吸引顾客眼球的海报背景，然后通过添加形状、图标、艺术字、图片、文本框的形式丰富海报的内容。本案例的具体制作思路如下图所示。

具体操作步骤及方法如下。

2.3.1 制作海报背景

扫一扫，看视频

海报背景的设计决定了是否能第一时间吸引他人的注意。本节将使用图片制作海报背景。

步骤 01 新建一个名为"促销海报"的 Word 文档，❶ 双击页眉位置，进入页眉和页脚编辑状态；❷ 单击"开始"选项卡"字体"组中的"清除所有格式"按钮 ◇。

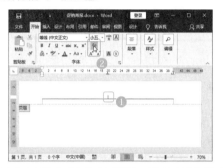

步骤 02 单击"页眉和页脚工具 / 设计"选项卡"插入"组中的"图片"按钮。

步骤 03 打开"插入图片"对话框，❶ 选择"素材文件 \ 第 2 章 \ 背景 .jpg"文件；❷ 单击"插入"按钮。

步骤 04 ❶ 选中图片；❷ 单击"图片工具 / 格式"选项卡"排列"组中的"环绕文字"下拉按钮；❸ 在弹出的下拉菜单中选择"衬于文字下方"命令。

步骤 05 拖动图片四周的控制点，使图片铺满整个页面。

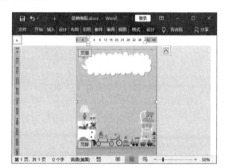

步骤 06 单击"页眉和页脚工具 / 设计"选项卡"关闭"组中的"关闭页眉和页脚"按钮，退出页眉和页脚编辑状态。

2.3.2 添加促销内容

促销内容包括促销海报的促销商品信息、

图片、文字、促销活动等信息，图文并茂的促销信息可以吸引更多的人关注。

1. 插入形状

促销海报上的文字位置并不固定，插入形状来添加文字信息，不仅可以灵活地调整文字的位置，而且可以美化版面。

扫一扫，看视频

步骤 01 ❶ 单击"插入"选项卡"插图"组中的"形状"下拉按钮；❷ 在弹出的下拉列表中选择"卷形: 水平"工具 。

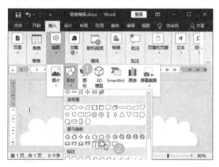

步骤 02 在页面中如图所示的位置拖动鼠标左键，绘制如下图所示的形状。

步骤 03 ❶ 在图形上右击；❷ 在弹出的快捷菜单中选择"添加文字"命令。

步骤 04 ❶ 在形状中输入文字，然后选中形状；❷ 在"开始"选项卡的"字体"组中设置文字样式。

步骤 05 保持形状的选中状态，❶ 单击"绘图工具 / 格式"选项卡"形状样式"组中的"形状填充"下拉按钮 ；❷ 在弹出的下拉菜单中选择填充颜色。

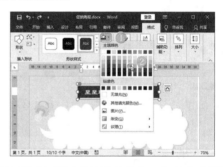

步骤 06 保持形状的选中状态，❶ 单击"绘图工具 / 格式"选项卡"形状样式"组中的"形状轮廓"下拉按钮 ；❷ 在弹出的下拉菜单中选择"无轮廓"命令。

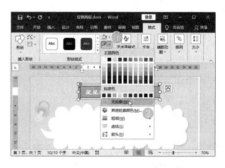

2. 插入内置图标

Word 2019 添加了内置图标功能，用户可以方便地从图标库中选择合适的图标插入文档中。

步骤 01 单击"插入"选项卡"插图"组中的"图标"按钮。

步骤 02 打开"插入图标"对话框，① 在左侧选择图标的类型，这里选择"庆典"；② 在右侧选择需要的图标；③ 单击"插入"按钮。

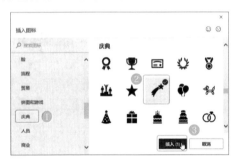

步骤 03 ① 单击"图形工具／格式"选项卡"排列"组中的"环绕文字"下拉按钮；② 在弹出的下拉菜单中选择"浮于文字上方"命令。

步骤 04 ① 将图标移动到合适的位置，并调整大小，选中插入的图标；② 单击"图形工具／格式"选项卡"图形样式"组中的"图形填充"下拉按钮；③ 在弹出的下拉菜单中选择合适的颜色。

步骤 05 ① 复制图标到形状的右侧，然后选中图标；② 单击"图形工具／格式"选项卡"排列"组中的"旋转"下拉按钮；③ 在弹出的下拉菜单中选择"水平翻转"命令。

3. 插入艺术字

在促销海报中，使用艺术字可以让海报更具观赏性。

步骤 01 ① 单击"插入"选项卡"文本"组中的"艺术字"下拉按钮；② 在弹出的下拉列表中选择一种艺术字样式。

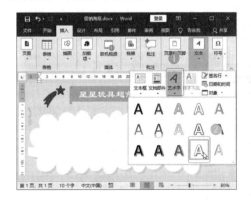

步骤 02 ❶ 在艺术字文本框中输入需要的文字，选中艺术字边框；❷ 在"开始"选项卡的"字体"组中设置文字样式。

步骤 03 保持艺术字的选中状态，❶ 单击"绘图工具 / 格式"选项卡"艺术字样式"组中的"文本填充"下拉按钮▲；❷ 在弹出的下拉菜单中选择填充颜色。

步骤 04 ❶ 单击"绘图工具 / 格式"选项卡"艺术字样式"组中的"文本轮廓"下拉按钮▲；❷ 在弹出的下拉菜单中选择轮廓颜色。

步骤 05 ❶ 单击"绘图工具 / 格式"选项卡"艺术字样式"组中的"文字效果"下拉按钮▲；❷ 在弹出的下拉菜单中选择"转换"命令；❸ 在弹出的子菜单中选择"梯形：倒"样式。

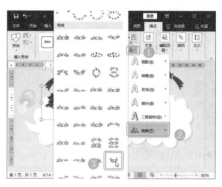

步骤 06 拖动艺术字边框上的黄色小圆点，调整梯形的角度。

步骤 07 ❶ 复制艺术字到下方，并更改艺术字文本；❷ 单击"绘图工具 / 格式"选项卡"艺术字样式"组中的"文本效果"下拉按钮▲；❸ 在弹出的下拉菜单中选择"转换"命令；❹ 在弹出的子菜单中选择"梯形：正"样式。

步骤 08 拖动艺术字边框上的黄色小圆点，调整梯形的角度。

4. 插入本地图片

在促销海报中需要插入商品的图片，以吸引顾客的眼球。

步骤 01 ❶ 单击"插入"选项卡"插图"组中的"图片"下拉按钮；❷ 在弹出的下拉菜单中选择"此设备"命令。

步骤 02 打开"插入图片"对话框，❶ 选择"素材文件＼第2章＼玩具1.jpg"图片文件；❷ 单击"插入"按钮。

步骤 03 ❶ 选中图片；❷ 单击"图片工具／格式"选项卡"排列"组中的"环绕文字"下拉按钮；❸ 在弹出的下拉菜单中选择"浮于文字上方"命令。

步骤 04 保持图片的选中状态，单击"图片工具／格式"选项卡"调整"组中的"删除背景"按钮。

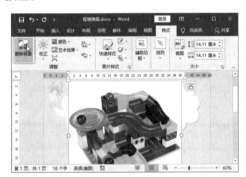

步骤 05 ❶ 在图片上标记要保留的区域和要删除的区域；❷ 单击"背景消除"选项卡"关闭"组中的"保留更改"按钮。

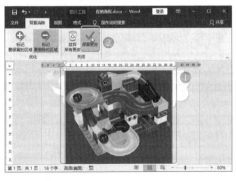

步骤 06 拖动图片四周的控制点，调整图片的

大小，并将其移动到合适的位置。

步骤 07 使用相同的方法插入"素材文件 \ 第 2 章 \ 玩具 2.jpg"图片文件。

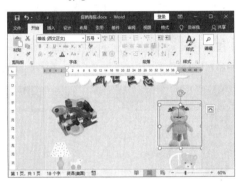

5. 插入联机图片

Word 2019 提供了网络图片库，使用联机图片功能，可以方便地在网络上搜索素材图片。

步骤 01 ❶ 单击"插入"选项卡"插图"组中的"图片"下拉按钮；❷ 在弹出的下拉菜单中选择"联机图片"命令。

步骤 02 打开"联机图片"对话框，❶ 在搜索

框中输入关键字，然后按 Enter 键；❷ 在下方的搜索结果中选择需要插入的图片；❸ 单击"插入"按钮。

步骤 03 ❶ 在图片上右击；❷ 在弹出的快捷菜单中选择"环绕文字"命令；❸ 在弹出的子菜单中选择"浮于文字上方"命令。

步骤 04 ❶ 单击"图片工具 / 格式"选项卡"图片样式"组中的"快速样式"下拉按钮；❷ 在弹出的下拉列表中选择一种图片样式。

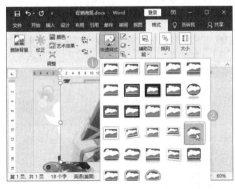

步骤 05 拖动图片四周的控制点，调整图片的大小，并将其移动到合适的位置。

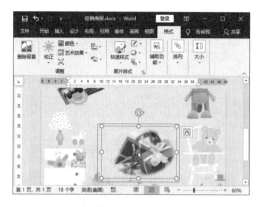

6. 插入文本框

如果要输入的文字量较多，可以选择使用文本框来添加。

步骤 01 ❶ 单击"插入"选项卡"文本"组中的"文本框"下拉按钮；❷ 在弹出的下拉菜单中选择"绘制横排文本框"命令。

步骤 02 ❶ 拖动鼠标绘制文本框，并输入文字内容，选中第一行文字；❷ 在"开始"选项卡的"字体"组中设置文字样式。

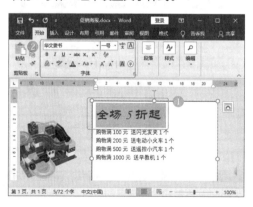

步骤 03 ❶ 选中数字"5"；❷ 在"开始"选项卡的"字体"组中设置字体和字号。

步骤 04 ❶ 选择下方的促销文本；❷ 单击"开始"选项卡"字体"组中的"文字效果和版式"下拉按钮 A·；❸ 在弹出的下拉菜单中选择一种艺术字样式。

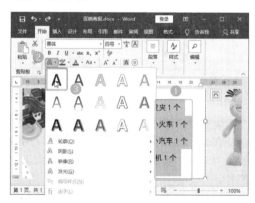

🔔 **小提示**

如果需要为大段文字设置艺术字，应该选择简洁大方的样式，避免过于花哨而影响版面。

步骤 05 ❶ 按住 Ctrl 键，选择促销文本中表示价格的数字；❷ 单击"开始"选项卡"字体"组中的"字体颜色"下拉按钮 A·；❸ 在弹出的下拉菜单中选择"红色"。

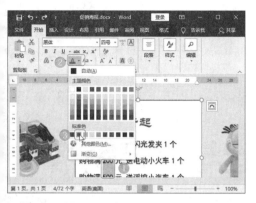

步骤 06 ① 选中文本框的边框；② 单击"绘图工具／格式"选项卡"形状样式"组中的"形状填充"下拉按钮 🖌️；③ 在弹出的下拉菜单中选择"无填充"命令。

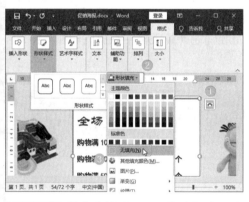

步骤 07 ① 单击"绘图工具／格式"选项卡"形状样式"组中的"形状轮廓"下拉按钮 ✒️；② 在弹出的下拉菜单中选择"无轮廓"命令。

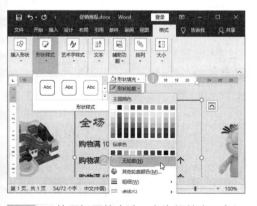

步骤 08 使用相同的方法，在海报的右下角添

加文本框并输入活动日期和地址文本。

步骤 09 制作完成后，促销海报的最终效果如下图所示。

本章小结

　　本章通过三个综合案例，主要讲述了如何在 Word 文档中插入 SmartArt 图形、图片、形状、艺术字、文本框等对象，以实现图文混排，从而使文档更加美观。通过本章的学习，可以初步掌握 Word 的图文混排技巧，可以轻松地制作出图文并茂的精美文档。

第**3**章

使用 Word 创建与编辑表格

本章导读

在制作 Word 文档时，除了需要对文档进行编辑和排版外，有时还需要添加表格，从而完善各种办公文档。在表格制作完成后，不仅可以修改表格的布局，添加文字，还可以通过公式的方式快速而准确地计算表格中数据的总和、平均数等，提高办公效率。

知识技能

本章相关案例及知识技能如下图所示。

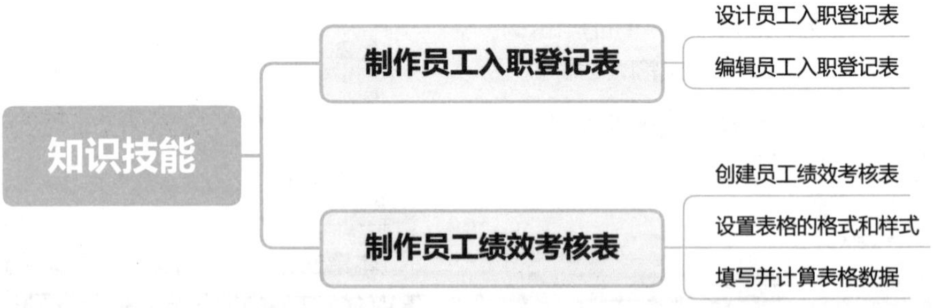

知识技能

制作员工入职登记表
　　设计员工入职登记表
　　编辑员工入职登记表

制作员工绩效考核表
　　创建员工绩效考核表
　　设置表格的格式和样式
　　填写并计算表格数据

3.1 制作员工入职登记表

案例说明

　　企业在招聘新人后，往往会让新员工填写"员工入职登记表"，新员工需要在表中填写个人的主要信息，并贴上自己的照片。此外，员工入职登记表稍微改变一下文字内容，还可以变成"面试人员登记表"，让前来面试者填写自己的主要信息，以方便面试官了解情况。本案例制作完成后的效果如下图所示（结果文件参见：结果文件\第 3 章\员工入职登记表 .docx）。

思路分析

　　企业的行政人员在制作员工入职登记表时，可以先对表格的整体框架有一个整体规划，再在录入文字的过程中进行细调，这样就不会出现多次调整都无法达到理想效果的情况，也不会耽误工作效率。本案例的具体制作思路如下图所示。

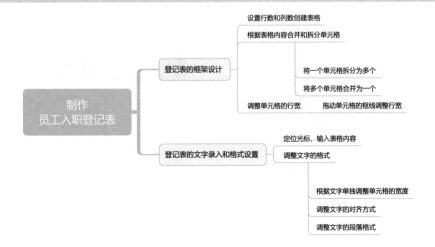

具体操作步骤及方法如下。

3.1.1 设计员工入职登记表

扫一扫，看视频

在 Word 2019 中制作员工入职登记表，可以先根据内容需求来设计表格，方便后续的文字输入。

1. 在文档中插入表格

在 Word 2019 中创建表格，可以在"插入表格"对话框中输入表格的行数和列数来完成。

步骤 01 新建一个名为"员工入职登记表"的 Word 文档，❶ 输入文档的标题，将光标定位到要插入表格的位置；❷ 单击"插入"选项卡"表格"组中的"表格"下拉按钮；❸ 选择下拉菜单中的"插入表格"命令。

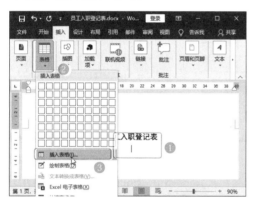

步骤 02 打开"插入表格"对话框，❶ 输入表格的列数和行数；❷ 单击"确定"按钮。

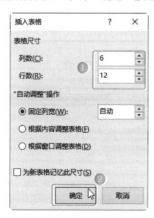

小提示

在"插入表格"对话框中，可以在"'自动调整'操作"选项组中选择表格宽度的调整方式，若选择"固定列宽"，则创建的表格宽度固定；若选择"根据内容调整表格"，则创建的表格宽度随单元格内容的多少变化；若选择"根据窗口调整表格"选项，则表格宽度与页面宽度一致，当页面纸张的大小发生变化时，表格宽度会也会随之变化，通常在 Web 版式视图中编辑用于屏幕显示的表格内容时应用这个选项。

步骤 03 创建完成的表格如下图所示，一共有 6 列 12 行。

2. 拆分与合并单元格

创建好的表格，其单元格大小和距离默认为平均分配，但是在实际工作中，新员工入职需要登记的信息却不同。此时可以使用"拆分单元格"和"合并单元格"命令对单元格的数量进行调整。

步骤 01 ❶ 选中第一行左边的 5 个单元格；❷ 单击"表格工具 / 布局"选项卡"合并"组中的"拆分单元格"按钮。

步骤 02 打开"拆分单元格"对话框，① 在"列数"与"行数"数值框中分别设置需要的列数和行数；② 单击"确定"按钮。操作完成后，第一行中选中的 5 个单元格变成了 10 个。

步骤 03 ① 选中第二行和第三行最左边的 2 个单元格；② 单击"表格工具 / 布局"选项卡"合并"组中的"合并单元格"按钮，将这 2 个单元格合并成 1 个单元格。

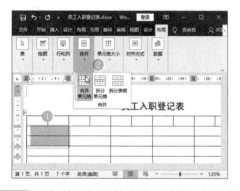

步骤 04 ① 使用相同的方法，对第二行和第三行的其他单元格进行合并；② 选中第二行和第三行的 4 个单元格；③ 单击"表格工具 / 布局"选项卡"合并"组中的"合并单元格"按钮，将这 4 个单元格合并成 1 个单元格。

步骤 05 ① 使用相同的方法对第四行和第五行的单元格进行合并；② 选中最右边第一行到第五行的单元格；③ 单击"表格工具 / 布局"选项卡"合并"组中的"合并单元格"按钮。

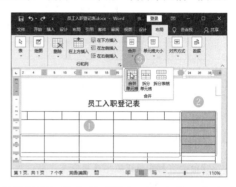

步骤 06 ① 选中需要填写"教育背景"内容的单元格；② 单击"表格工具 / 布局"选项卡"合并"组中的"拆分单元格"按钮。

步骤 07 ① 打开"拆分单元格"对话框，在"列数"和"行数"数值框中分别输入需要的列数和行数；② 单击"确定"按钮。

步骤 08 继续利用单元格的拆分及合并功能完成表格制作，表格框架如下图所示。

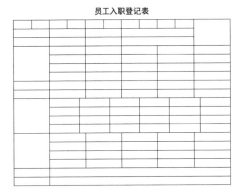

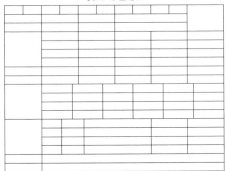

小技巧

通过右击打开快捷菜单选择命令也可以拆分和合并单元格，方法是：将光标放在单独的单元格中右击，从快捷菜单中选择"拆分单元格"命令；选中2个及2个以上的单元格，右击，从快捷菜单中选择"合并单元格"命令。

3. 调整单元格的行宽

完成员工入职登记表的框架制作后，需要对单元格的行宽进行微调，以便合理地分配同一行单元格的宽度。调整依据是：文字内容较多的单元格需要预留较宽的空间。

步骤 01 在员工入职登记表的下方，登记的是员工家庭情况的信息，填写父母姓名的列可以较窄些，填写父母工作单位的列可以宽些。选中要调整宽度的单元格，将光标移动到单元格的边线，并按住鼠标左键，往左拖动边线。

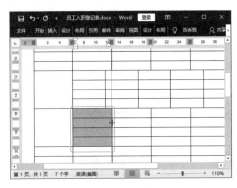

步骤 02 按照同样的方法，调整其他单元格的宽度，如下图所示。

3.1.2 编辑员工入职登记表

扫一扫，看视频

完成员工入职登记表的框架制作后，就可以输入表格的文字内容了。在输入文字内容后，要根据需求对文字格式进行调整，使其看起来美观大方。

1. 输入表格的文字内容

在输入表格的文字内容时，需要根据内容的多少再次对单元格的宽度进行调整。调整单独单元格宽度的方法是选中这个单元格后拖动单元格的边线。

步骤 01 ❶ 将光标置入表格左上角的单元格中，输入文字内容；❷ 将鼠标放在需要调整宽度的单元格左边，直到鼠标指针变成黑色的箭头 ↗，单击选中这个单元格。

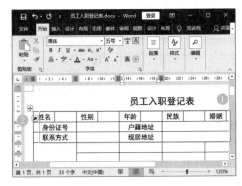

步骤 02 按住鼠标左键，拖动单元格右边线，调整单元格的大小。

步骤 03　单元格调整完成后，效果如下图所示。

便完成了文字内容的输入。

步骤 04　按照同样的方法，继续进行文字内容的输入，在输入内容的同时，根据内容的多少调整单元格宽度，如下图所示。

2. 调整文字的格式

当完成表格的文字内容输入后，需要对文字内容的格式进行调整，使其保持对齐且美观。

步骤 01 ❶ 选中表格上方的文字；❷ 单击"表格工具 / 布局"选项卡"对齐方式"组中的"水平居中"按钮。

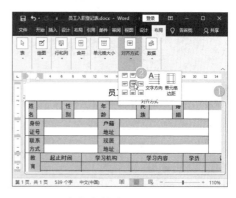

步骤 02 ❶ 选中表格左下方的文字；❷ 单击"表格工具 / 布局"选项卡下的"水平居中"按钮。

步骤 05　打开"素材文件 \ 第 3 章 \ 员工声明 .txt"文件，将记事本中的内容复制并粘贴到表格右下方的单元格中，如下图所示。此时

🔔 **小提示**

　　如果只想调整表格单元格文本的"左对齐""居中对齐""右对齐""两端对齐"格式，可以直接选中文本，单击"开始"选项卡"段落"组中的对齐按钮即可。

　　需要注意的是，"段落"组中的"居中对齐"按钮和"表格工具 / 布局"选项卡"对齐方式"组中的"水平居中"按钮的效果是有区别的，"水平居中"包括垂直和水平方向的居中效果，"居中对齐"只包括水平方向的居中效果。

步骤 03 ❶ 保持表格内容的选中状态；❷ 单击"开始"选项卡"段落"组中的"对话框启动器"按钮 ⬐。

步骤 04 打开"段落"对话框，❶ 设置"行距"为"2 倍行距"；❷ 单击"确定"按钮。

步骤 05 ❶ 选中表格中员工声明与确认的内容；❷ 单击"开始"选项卡"段落"组中的"对

话框启动器"按钮 ⬐。

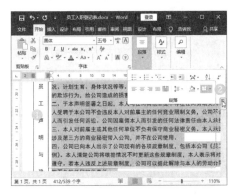

步骤 06 在打开的"段落"对话框中，❶ 设置"对齐方式"为"两端对齐"；❷ 设置缩进方式为"首行"，缩进值为"2 字符"；❸ 单击"确定"按钮。

步骤 07 ❶ 选中"照片"文本，并在文本上右击；❷ 在弹出的快捷菜单中选择"文字方向"命令。

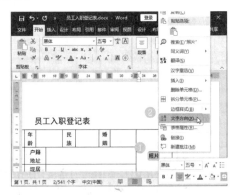

步骤 08 打开"文字方向 – 表格单元格"对话框；❶ 选中"竖排文字"选项；❷ 单击"确定"按钮。

步骤 09 将光标定位到"照片"文本中间，按空格键调整文字之间的距离。

步骤 10 此时便完成了员工入职登记表的制作，效果如下图所示。

员工入职登记表

姓名		性别		年龄		民族		婚姻		照片
身份证号				户籍地址						
联系方式				现居地址						
教育背景	起止时间		学习机构		学习内容		学历		证书	
	最高学历			专业			驾驶证			
	语言能力			计算机能力			其他特长			
工作经历	起止时间		工作单位		部门		职位	离职原因		证明人
家庭情况	关系		姓名		年龄		工作单位			联系电话
自我评价										
员工声明与确认	一、本人向公司出示的、陈述的任何有关本人自身情况的说明都是真实的。本人自身情况包括但不限于本人的身份证、学历、学位、技能、工作经历、家庭情况、计划生育、身体状况等等。若本人就上述自身情形为不实陈述，则视为本人的欺诈行为，给公司造成的损害，由本人承担。 二、于本声明签署之日起，本人与任何其他单位不存在任何劳动关系。并且，本人受聘于本公司不会违反本人对前雇主的任何竞业限制义务，公司不会因雇佣本人而引发任何诉讼。公司因雇佣本人而引发的任何法律责任由本人承担。 三、本人对前雇主或其他任何单位不负有保守商业秘密义务。本人承诺不将任何涉及第三方的商业秘密带入公司，并不在公司使用。 四、公司已向本人出示了公司现有的各项规章制度，包括本公司《员工奖惩条例》。本人清楚公司将根据情况不时更新这些规章制度，本人表示将对其予以严格遵守。若本人违反上述规章制度，公司可以据此解除与本人的劳动合同，并且公司不负担任何赔偿责任。 员工签字：　　　　　日期：　　年　　月　　日									

3.2 制作员工绩效考核表

案例说明

员工绩效考核表是公司管理中十分重要的工具，通过定期的考核，能对比不同员工不同层面的工作情况。可以说，员工绩效考核表是公司科学管理的工具。本案例制作完成后的效果如下图所示（结果文件参见：结果文件\第3章\员工绩效考核表.docx）。

2020 年度员工绩效考核表

编号	工号	姓名	工作能力	协调能力	责任感	积极性	总分
1.	00001	李江	85	87	92	88	352
2.	00002	刘恒宇	86	89	81	83	339
3.	00003	周涛	75	86	78	38	277
4.	00004	王亦知	66	75	69	72	284
5.	00005	陈岳星	95	89	92	88	364
6.	00006	江万军	73	85	69	87	314
7.	00007	郑辉	61	68	62	66	257
8.	00008	余海英	95	92	93	90	370
9.	00009	莱洪	89	86	78	85	338
10.	00010	祝梅	88	74	76	79	317
11.	00011	杨光琴	61	58	63	66	248
12.	00012	李芳菲	95	96	90	92	373
13.	00013	刘安昌	87	89	82	80	338
		考核平均分	81.38	82.62	78.85	78	320.85

考核结果分析与处理	考评成绩点评及处罚标准		点评及处罚方案	

日期 2020/11/18

思路分析

行政人员或部门管理人员制作员工绩效考核表时，需要根据当下员工的人数、工种、业绩分类等情况进行表格的布局规划。本案例的具体制作流程及思路如下图所示。

具体操作步骤及方法如下。

3.2.1 创建员工绩效考核表

在 Word 2019 中创建员工绩效考核表，首先需要创建表格框架，然后输入基本的文字内容，以便进行下一步的格式调整及数据计算。

扫一扫，看视频

1. 快速创建规则表格

员工绩效考核表是比较规范的表格，使用输入行数和列数的方式创建比较合理。

步骤 01 新建一个名为"员工绩效考核表"的 Word 文件，❶ 输入标题，并将光标定位到要插入表格的位置；❷ 单击"插入"选项卡"表格"组中的"表格"下拉按钮；❸ 在弹出的下拉菜单中选择"插入表格"命令。

步骤 02 打开"插入表格"对话框，❶ 在"列数"与"行数"数值框中分别设置要插入的列数和行数；❷ 单击"确定"按钮。

步骤 03 创建完成的表格如下图所示。

2020 年度员工绩效考核表

2. 合并与拆分单元格

完成表格的创建后，需要对表格的单元格进行合并、拆分调整，以适应内容的需要。

步骤 01 ❶ 选中倒数第 2 行左侧的 2 个单元格；❷ 单击"表格工具 / 布局"选项卡"合并"组中的"合并单元格"按钮。

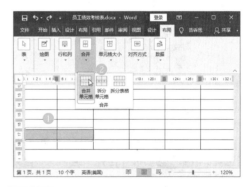

步骤 02 ❶ 使用相同的方法合并最后一行左侧的 2 个单元格；❷ 选中右侧的单元格；❸ 单击"表格工具 / 布局"选项卡"合并"组中的"合并单元格"按钮。

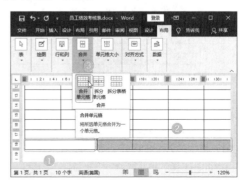

步骤 03 ❶ 选中右下角合并后的单元格；❷ 单击"表格工具 / 布局"选项卡"合并"组中的"拆分单元格"按钮。

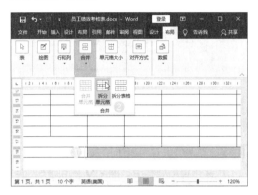

步骤 04 ❶ 打开"拆分单元格"对话框，❶ 分别设置需要的列数和行数；❷ 单击"确定"按钮。

步骤 05 ❶ 选中如图所示的单元格；❷ 单击"表格工具 / 布局"选项卡"合并"组中的"合并单元格"按钮。

步骤 06 此时便完成了表格框架的大体调整，在单元格中输入文字内容，如下图所示。

2020 年度员工绩效考核表

编号	姓名	工作能力	协调能力	责任感	积极性	总分
考核平均分						
考评成绩点评及处理标准			点评处理方案			

在制作表格时，事先设计好的框架可能会在输入文字的过程中发现有不合理的地方。此时需要及时添加与删除行和列。

步骤 01 ❶ 选中表格最左边的一列；❷ 单击"表格工具 / 布局"选项卡"行和列"组中的"在右侧插入"按钮。

🔔 **小提示**

如果想要删除多余的行或列，可以选中该行 / 列的单元格并右击，从弹出的快捷菜单中选择"删除"命令，再选择子菜单中的"删除列"或"删除行"命令就能进行多余行或列的删除了。

步骤 02 为新插入的一列单元格输入标题"工号"。

步骤 03 ❶ 选中左下角的单元格；❷ 单击"表格工具 / 布局"选项卡"行和列"组中的"在下方插入"按钮。

步骤 04 ❶ 合并左下方的单元格，并输入文字；❷ 合并最后一行左侧的单元格，并输入文字。

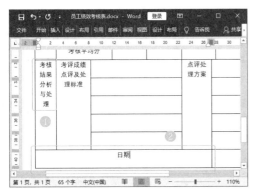

3.2.2 设置表格的格式和样式

制作完成员工绩效考核表后，需要对表格的格式进行调整，之后还要对样式进行调整。

扫一扫，看视频

1. 设置行高和列宽

在制作表格时，需要根据文字内容进行行高和列宽的设置。设置方法有拖动表格线及输入指定高度两种。

步骤 01 ❶ 单击表格左上角的十字箭头图标 ⊞ ，表示选中整个表格；❷ 单击"表格工具 / 布局"选项卡"表"组中的"属性"按钮。

步骤 02 打开"表格属性"对话框，❶ 在"行"选项卡的"尺寸"选项组中设置行高；❷ 单击"确定"按钮。

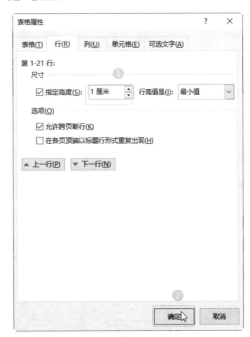

步骤 03 拖动第一列单元格的边框线，缩小列宽。

步骤 04 单独选中需要调整列宽的单元格，调整列宽，如下图所示。

步骤 05 调整完成后，表格效果如下图所示。

2020 年度员工绩效考核表

编号	工号	姓名	工作能力	协调能力	责任感	积极性	总分
		考核平均分					
考核结果分析与处理	考评成绩点评及处理标准			点评处理方案			
				日期			

2. 设置文字的间距

完成单元格的调整之后，还需要调整文字的对齐方式。

步骤 01 ❶ 选中"考核结果分析与处理"文字；❷ 单击"表格工具 / 布局"选项卡"对齐方式"组中的"文字方向"按钮，文字变为竖排效果。

步骤 02 保持文字的选中状态，单击"开始"选项卡"字体"组中的"对话框启动器"按钮 ⌐。

步骤 03 打开"字体"对话框，❶ 在"高级"选项卡中设置"间距"为"加宽"，"磅值"为"2磅"；❷ 单击"确定"按钮。

小提示

如果单元格的宽度较小，文字会根据换行的要求自动竖向排列，可以通过段落间距的设置来调整文字的间隔。此处单元格宽度较大，在更改文字方向后，需要通过字符间距来调整。

步骤 04 操作完成后即可看到设置了字符间距后的效果。

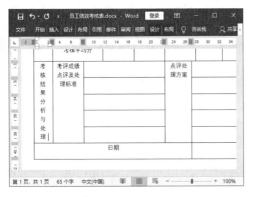

3. 应用表格样式

Word 2019 内置的表格样式众多，为了使表格更加美观，可以为其应用表格样式。

步骤 01 ❶ 单击表格左上角的十字箭头图标 田，选中整个表格；❷ 单击"表格工具 / 设计"选项卡"表格样式"组中的"其他"下拉按钮。

步骤 02 在弹出的下拉菜单中选择一种合适的表格样式。

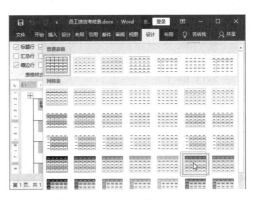

步骤 03 操作完成后即可得到如下图所示的表格样式。

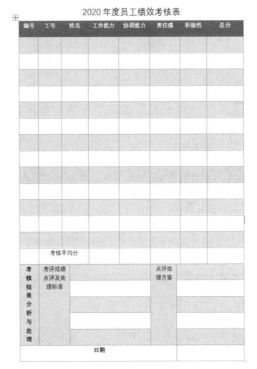

小提示

如果内置的表格样式不能满足需要，也可以自定义表格样式。方法是：在"表格工具 / 设计"选项卡"表格样式"组中单击"其他"下拉按钮，在弹出的下拉菜单中选择"新建表格样式"命令，在打开的"根据格式化创建新样式"对话框中，根据需要自定义表格样式即可。

4. 设置文字对齐方式

套用 Word 2019 预设的表格样式后，会自动套用字体样式，只需要再为表格设置文字的对齐方式即可。

步骤 01 ❶ 单击表格左上角的十字箭头图标⊞，选中整个表格；❷ 单击"表格工具／布局"选项卡"对齐方式"组中的"水平居中"按钮▤。

步骤 02 ❶ 将光标定位到"日期"单元格中；❷ 单击"开始"选项卡"段落"组中的"右对齐"按钮▤。

🔔 小提示

单击"表格工具／布局"选项卡"对齐方式"组中的"中部右对齐"按钮，也可以使日期右对齐。

3.2.3 填写并计算表格数据

在员工绩效考核表中，常常需要输入员工编号等内容，这些有规律的内容可以利用

扫一扫，看视频

Word 2019 的功能智能地输入。

另外，在 Word 2019 文档中，表格工具栏专门在"布局"选项卡的"数据"组中提供了插入公式功能，用户可以借助 Word 2019 提供的公式运算功能对表格中的数据进行数学运算，包括加、减、乘、除、求和、求平均值等常见运算。

1. 快速插入编号

表格中的员工编号及工号通常是有规律的数据，可以通过插入编号的方法自动填入。

步骤 01 在表格中输入需要手动填写的内容。

编号	工号	姓名	工作能力	协调能力	责任感	积极性	总分
		李江	85	87	92	88	
		刘恒宇	86	89	81	83	
		周涛	75	86	78	38	
		王亦知	68	75	69	72	
		陈启星	95	89	92	88	
		江万军	73	85	69	87	
		邓婷	61	68	62	66	
		余海燕	95	92	93	90	
		陈凤	89	86	78	85	
		祝梅	88	74	76	79	
		杨光琴	61	58	63	66	
		李菲菲	95	96	90	92	
		刘安晨	87	89	82	80	

步骤 02 ❶ 选中需要插入编号的单元格区域；❷ 单击"开始"选项卡"段落"组中的"编号"下拉按钮▤；❸ 从下拉菜单中选择要使用的编号样式即可完成编号的输入。

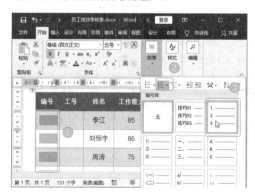

步骤 03 ❶ 选中需要添加工号的单元格区域；❷ 单击"编号"下拉按钮 ⋮☰ ▾；❸ 从下拉菜单中选择"定义新编号格式"命令。

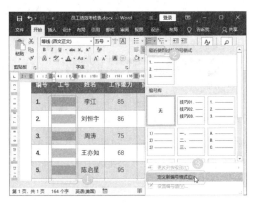

步骤 04 ❶ 在打开的"定义新编号格式"对话框中，选择所需的编号样式；❷ 将编号后面的"，"删除；❸ 单击"确定"按钮。

小提示

利用"编号"只能添加从数字"1"开始递增的编号，类似于"13698""13699"等编号便无法添加。

步骤 05 操作完成后，自动输入编号和工号的效果如下图所示。

编号	工号	姓名	工作能力	协调能力	责任感	积极性	总分
1.	00001	李江	85	87	92	88	
2.	00002	刘恒宇	86	89	81	83	
3.	00003	周涛	75	86	78	38	
4.	00004	王亦知	68	75	69	72	
5.	00005	陈启星	95	89	92	88	
6.	00006	江万军	73	85	69	87	
7.	00007	邓婷	61	68	62	66	
8.	00008	佘海燕	95	92	93	90	
9.	00009	陈凤	89	86	78	85	
10.	00010	祝梅	88	74	76	79	
11.	00011	杨光芩	61	58	63	66	
12.	00012	李菲菲	95	96	90	92	
13.	00013	刘安晨	87	89	82	80	

2. 插入日期

如果要在表格中添加日期，除了可以手动输入之外，还可以通过插入日期的方式来添加日期。

步骤 01 ❶ 将光标放到需要添加日期的单元格中；❷ 单击"插入"选项卡"文本"组中的"日期和时间"按钮。

步骤 02 在打开的"日期和时间"对话框中，❶ 在"可用格式"列表框中选择一种日期格式；❷ 单击"确定"按钮。操作完成后，便能成功添加日期。

🔔 **小技巧**

在"日期和时间"对话框中勾选"自动更新"复选框，可以在每次打开文档时自动更新日期和时间。

步骤 **03** ❶ 将光标定位到日期单元格中；❷ 单击"开始"选项卡"段落"组中的"左对齐"按钮 ≡ 。

步骤 **04** 操作完成后即可看到插入了日期后的效果。

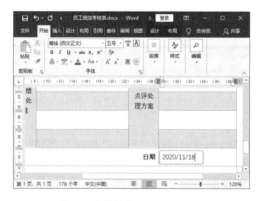

3. 使用公式计算得分

在员工绩效考核表中，往往需要计算员工各项表现的总分及平均分，此时可以利用 Word 2019 中的公式进行计算。

步骤 **01** ❶ 将光标定位到第一个需要计算"总分"的单元格中；❷ 单击"表格工具/布局"选项卡"数据"组中的"公式"按钮。

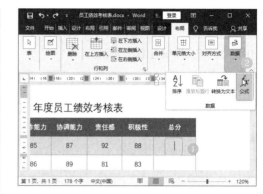

步骤 **02** 打开"公式"对话框，❶ 在"公式"文本框中输入公式"=SUM(LEFT)"；❷ 单击"确定"按钮。

步骤 **03** 选择"总分"列中第一个单元格中的公式结果，按 Ctrl+C 组合键复制该公式，选择该列下方的所有总分数据的单元格，按 Ctrl+V 组合键将复制的公式粘贴到这些单元格中。

2020 年度员工绩效考核表

编号	工号	姓名	工作能力	协调能力	责任感	积极性	总分
1.	00001	李江	85	87	92	88	352
2.	00002	刘恒宇	86	89	81	83	352
3.	00003	周涛	75	86	78	38	352
4.	00004	王亦知	68	75	69	72	352
5.	00005	陈启星	95	89	92	88	352
6.	00006	江万军	73	85	69	87	352
7.	00007	邓婷	61	68	62	66	352
8.	00008	余海燕	95	92	93	90	352
9.	00009	陈凤	89	86	78	85	352
10.	00010	祝梅	88	74	76	79	352
11.	00011	杨光琴	61	58	63	66	352
12.	00012	李菲菲	95	96	90	92	352
13.	00013	刘安晨	87	89	82	80	352

步骤 04 粘贴公式后，需要进行更新，才会重新计算新的单元格数值。按 F9 键执行"更新域"命令，就完成了"总分"列的计算。

2020 年度员工绩效考核表

编号	工号	姓名	工作能力	协调能力	责任感	积极性	总分
1.	00001	李江	85	87	92	88	352
2.	00002	刘恒宇	86	89	81	83	339
3.	00003	周涛	75	86	78	38	277
4.	00004	王亦知	68	75	69	72	284
5.	00005	陈启星	95	89	92	88	364
6.	00006	江万军	73	85	69	87	314
7.	00007	邓婷	61	68	62	66	257
8.	00008	余海燕	95	92	93	90	370
9.	00009	陈凤	89	86	78	85	338
10.	00010	祝梅	88	74	76	79	317
11.	00011	杨光琴	61	58	63	66	248
12.	00012	李菲菲	95	96	90	92	373
13.	00013	刘安晨	87	89	82	80	338

步骤 05 ① 将光标定位到需要计算平均分的第一个单元格中；② 单击"表格工具 / 布局"选项卡"数据"组中的"公式"按钮。

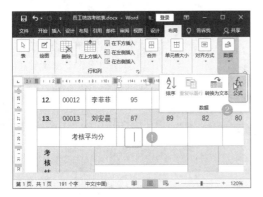

步骤 06 打开"公式"对话框，① 在"公式"文本框中输入公式"=AVERAGE (ABOVE)"；② 单击"确定"按钮。

步骤 07 将第一个单元格中的平均分公式复制到后面的单元格中，并按 F9 键执行"更新域"命令，完成平均分的计算，效果如下图所示。

9.	00009	陈凤	89	86	78	85	338
10.	00010	祝梅	88	74	76	79	317
11.	00011	杨光琴	61	58	63	66	248
12.	00012	李菲菲	95	96	90	92	373
13.	00013	刘安晨	87	89	82	80	338
	考核平均分		81.38	82.62	78.85	78	320.85
考核结果分析与处理	考评成绩点评及处理标准			点评处理方案			
				日期			2020/11/18

小技巧

如果要更新公式，右击需要更新公式的单元格，从弹出的快捷菜单中选择"更新域"命令即可实现更新公式的目的。

本章小结

本章通过两个综合案例，系统地讲解了在 Word 2019 中创建表格、拆分与合并单元格、添加行与列、调整行高与列宽、设置表格样式，以及使用公式计算表格数据等相关知识。通过本章的学习，可以熟练掌握插入表格的方法与编辑表格的技巧，在实际应用中灵活调整表格的框架，就能做出布局合理的表格。

使用 Word 的样式与模板统一文档

本章导读

Word 2019 提供了强大的模板及样式编辑功能，利用这些功能可以大大地提高 Word 文档的编辑效率，并且能编辑出版式美观大方的文档。本章将介绍如何利用形状、水印、文本框、艺术字、文本内容控件、日期内容控件等制作模板，以及如何应用、修改、编辑样式，并在使用模板制作文档之后快速提取目录。

知识技能

本章相关案例及知识技能如下图所示。

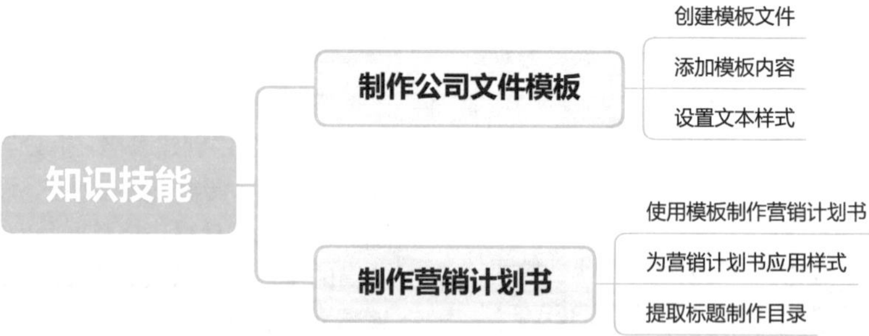

知识技能

制作公司文件模板
- 创建模板文件
- 添加模板内容
- 设置文本样式

制作营销计划书
- 使用模板制作营销计划书
- 为营销计划书应用样式
- 提取标题制作目录

4.1 制作公司文件模板

案例说明

　　企业内部文件通常需要使用相同的格式和一些硬性的标准，例如相同的页眉和页脚、相同的背景、相同的字体及样式等，以体现企业的特点。此时，可以制作公司文件模板，在创建企业文件时就可以直接使用该模板，而不用重复设置。本案例制作完成后的效果如下图所示（结果文件参见：结果文件\第 4 章\公司文件模板 .dotx ）。

思路分析

　　在制作公司文件模板时，首先将文件格式保存为 Word 模板，然后插入页眉和页脚，在页眉和页脚中可以设置公司图标、公司名称、页码和水印等固定元素，在"开发工具"选项卡中添加标题、正文和日期控件，最后为标题和正文设置文本样式，以统一全文的字体格式。本案例的具体制作思路如下图所示。

具体操作步骤及方法如下。

4.1.1 创建模板文件

扫一扫，看视频

制作公司文件模板，需要在模板文件中添加常用的元素，以方便之后的使用。

1. 另存为模板文件

创建模板文件最常用的方法是将 Word 文档另存为模板文件。首先需要创建一个 Word 文档，然后执行另存为模板文件的操作。

步骤 01 新建一个 Word 文档，切换到"文件"选项卡，❶ 选择"另存为"选项；❷ 在右侧的窗格中单击"浏览"按钮。

步骤 02 打开"另存为"对话框，❶ 在"文件名"文本框中输入模板文件名称，在"保存类型"下拉列表中选择"Word 模板 (*.dotx)"选项；❷ 单击"保存"按钮。

2. 在功能区显示"开发工具"选项卡

在制作模板文件时，需要用到"开发工具"选项卡中的功能，而"开发工具"选项卡并没有默认显示在工具栏中，此时需要通过以下操作使其显示在工具栏中。

步骤 01 在"文件"选项卡中选择"选项"命令。

步骤 02 打开"Word 选项"对话框，❶ 在"自定义功能区"列表框中勾选"开发工具"复选框；❷ 单击"确定"按钮即可。

4.1.2 添加模板内容

扫一扫，看视频

创建好模板文件之后，就可以为模板添加内容和设置到该文件中，以便以后直接用该模板创建文件。通常模板中的内容含有固定的装饰成分，如固定的标题、背景、页面版式等。

1. 制作模板页眉

企业文档大多会使用公司名称作为页眉，所以需要将固定的页眉格式添加到模板文件中，具体操作如下。

步骤 01 ❶ 单击"插入"选项卡"页眉和页脚"组中的"页眉"下拉按钮；❷ 在弹出的下拉菜单中选择"编辑页眉"命令。

步骤 02 进入页眉和页脚编辑状态，❶ 选中页眉处的段落标记；❷ 单击"开始"选项卡"段落"组中的"边框"下拉按钮 ⊞ ▾；❸ 在弹出的下拉菜单中选择"无框线"命令，去除页眉横线。

🔔 小提示

将光标定位到页眉处，单击"开始"选项卡"字体"组中的"清除所有格式"按钮 ，也可以去除页眉横线。

步骤 03 ❶ 单击"插入"选项卡"插图"组

中的"形状"下拉按钮；❷ 在弹出的下拉菜单中选择"曲线"工具 ∧。

步骤 04 在页眉处绘制如下图所示的曲线。

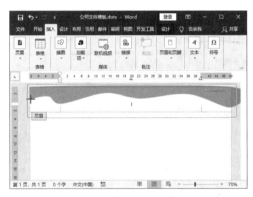

步骤 05 ❶ 选中绘制的形状；❷ 在"绘图工具/格式"选项卡的"形状样式"组中选择一种形状样式。

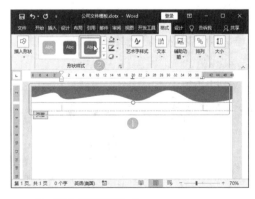

2. 插入公司图标

公司图标是企业的第一张名片，在制作模板时，可以在页眉处插入公司图标。

步骤 01 ❶ 将光标定位到页眉处；❷ 单击"页眉和页脚工具／设计"选项卡"插入"组中的"图片"按钮。

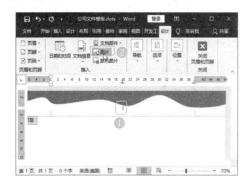

步骤 02 打开"插入图片"对话框，❶ 选择"素材文件＼第4章＼公司图标.JPG"图片文件；❷ 单击"插入"按钮。

步骤 03 ❶ 选中插入的图片；❷ 单击"图片工具／格式"选项卡"调整"组中的"删除背景"按钮。

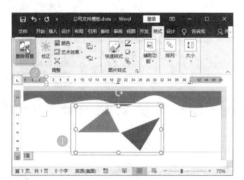

步骤 04 ❶ 进入"背景消除"选项卡，标记要保留的区域和要删除的区域；❷ 单击"背景消除"选项卡"关闭"组中的"保留更改"按钮。

步骤 05 ❶ 选中图片；❷ 单击"图片工具／格式"选项卡"排列"组中的"环绕文字"下拉按钮；❸ 在弹出的下拉菜单中选择"浮于文字上方"命令。

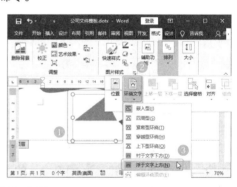

步骤 06 拖动图片四周的控制点，调整图片的大小，并将其移动到左上角的位置。

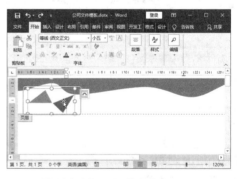

3. 绘制文本框添加艺术字

在页眉处，可以通过文本框添加公司名称和文件类型等文字。为了美化文档，还可以将文字设置为艺术字。

步骤 01 ❶ 在页眉左侧绘制一个横排文本框，输入公司名称，选中输入的文字；❷ 在"绘图

工具 / 格式"选项卡的"艺术字样式"组中选择一种艺术字样式。

步骤 02 在"开始"选项卡中设置艺术字的字体和字号，❶ 选中文本框；❷ 单击"绘图工具 / 格式"选项卡"形状样式"组中的"形状填充"下拉按钮 🪣；❸ 在弹出的下拉菜单中选择"无填充"命令。

步骤 03 保持文本框的选中状态，❶ 单击"绘图工具 / 格式"选项卡"形状样式"组中的"形状轮廓"下拉按钮 🖊；❷ 在弹出的下拉菜单中选择"无轮廓"命令。

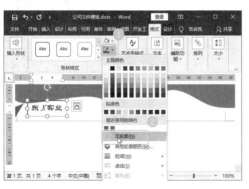

步骤 04 ❶ 使用相同的方法在页眉的右侧插入文本框并输入文字；❷ 在"绘图工具 / 格式"选项卡的"形状样式"组中选择一种形状样式。

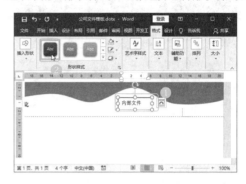

步骤 05 ❶ 使用相同的方法为文本设置艺术字样式，选中文本；❷ 在"开始"选项卡的"字体"组中设置字体样式。

步骤 06 选中文本框，拖动文本框上方的旋转按钮，将其拖动到合适的角度即可。

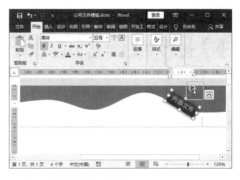

4. 在页脚添加页码

页码是文档的组成部分之一，如果不想使用单独的数字作为页码，也可以在形状中添加页码。

步骤 01 单击"页眉和页脚工具 / 设计"选项卡"导航"组中的"转至页脚"按钮。

步骤 02 ❶ 使用"矩形"工具 □ 在页脚处绘制如下图所示的矩形；❷ 在"绘图工具 / 格式"选项卡的"形状样式"组中设置形状样式。

步骤 03 ❶ 在矩形形状的中间绘制一个椭圆形状；❷ 在"绘图工具 / 格式"选项卡的"形状样式"组中设置形状样式。

步骤 04 ❶ 在椭圆形状上右击；❷ 在弹出的快捷菜单中选择"添加文字"命令。

步骤 05 ❶ 单击"页眉和页脚工具 / 设计"选项卡"页眉和页脚"组中的"页码"下拉按钮；❷ 在弹出的下拉菜单中选择"当前位置"命令；❸ 在弹出的子菜单中选择一种页码样式。

步骤 06 单击"页眉和页脚 / 设计"选项卡"关闭"组中的"关闭页眉和页脚"按钮，退出页眉和页脚编辑状态即可。

小提示

　　双击文档编辑区的任意位置，也可以退出页眉和页脚编辑状态。

5. 添加水印

为了防止公司的信息被他人复制并盗用，可以在模板中添加公司标志作为水印图片。

步骤 01 ❶单击"设计"选项卡"页面背景"组中的"水印"下拉按钮；❷在弹出的下拉菜单中选择"自定义水印"命令。

步骤 02 打开"水印"对话框，❶选中"图片水印"单选按钮；❷单击"选择图片"按钮。

步骤 03 打开"插入图片"对话框，单击"从文件"右侧的"浏览"链接。

步骤 04 在打开的"插入图片"对话框中选择插入"素材文件\第 4 章\公司图标 .JPG"图片文件。返回"水印"对话框，在"选择图片"按钮右侧可以看到插入的图片路径，直接单击"确定"按钮即可。

步骤 05 进入页眉和页脚编辑状态，复制多个水印图片到页面，并调整图片大小和位置。

6. 添加格式文本内容控件

在模板文件中，需要制作出一些固定的格式，这时可以使用"开发工具"选项卡中的格式文本内容控件进行设置。这样在使用模板创建新文件时，只需要修改文字内容就可以制作一份版式完整的文档。

步骤 01 单击"开发工具"选项卡"控件"组中的"格式文本内容控件"按钮 **Aa**。

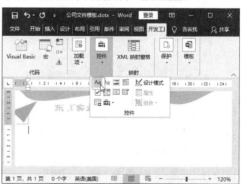

步骤 02 在文档中插入内容控件，单击"开发工具"选项卡"控件"组中的"设计模式"按钮。

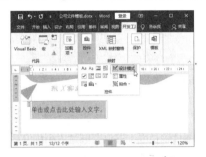

步骤 03 ❶ 修改控件中的文本内容为"单击此处输入标题"，选中插入的控件所在的整个段落；❷ 在"开始"选项卡中设置字体格式和段落格式。

步骤 04 保持段落的选中状态，❶ 单击"开始"选项卡"段落"组中的"边框"下拉按钮 ▾；❷ 在弹出的下拉菜单中选择"边框和底纹"命令。

步骤 05 打开"边框和底纹"对话框，在"边框"选项卡中，❶ 设置边框类型为"自定义"；❷ 分别设置线条的样式、颜色和宽度；❸ 在"预览"选项组单击"下框线"按钮 ；❹ 设置"应用于"选项为"段落"；❺ 单击"确定"按钮。

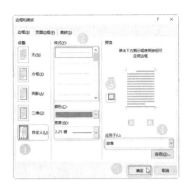

步骤 06 ❶ 使用相同的方法在下方插入第二个格式文本内容控件；❷ 单击"开发工具"选项卡"控件"组中的"属性"按钮。

步骤 07 打开"内容控件属性"对话框，❶ 在"常规"选项组的"标题"文本框中设置标题为"正文"；❷ 勾选"内容被编辑后删除内容控件"复选框；❸ 单击"确定"按钮。

7. 添加日期选取器内容控件

为了方便公司员工为文档添加日期，可以在文档的末尾添加日期选取器内容控件。

步骤 01 ❶ 在文档的末尾处输入"发布日期："文本，并设置文本样式；❷ 单击"开发工具"选项卡"控件"组中的"日期选取器内容控件"按钮 。

步骤 02 ❶ 将光标定位到日期选取器内容控件中；❷ 单击"开发工具"选项卡"控件"组中的"属性"按钮。

步骤 03 打开"内容控件属性"对话框，❶ 在"锁定"选项组中勾选"无法删除内容控件"复选框；❷ 在"日期选取器属性"选项组中选择日期格式；❸ 单击"确定"按钮。

步骤 04 ❶ 选中"发布日期"段落；❷ 单击"开始"选项卡"段落"组中的"右对齐"按钮 ≣。

8. 添加可更新的日期

为了方便地查看文档的最后编辑日期，可以在文章的末尾添加可以自动更新的日期。

步骤 01 ❶ 在文档的末尾输入"最后编辑日期："文本，并设置文本样式；❷ 单击"插入"选项卡"文本"组中的"日期和时间"按钮。

步骤 02 打开"日期和时间"对话框，❶ 在"可用格式"列表框中选择一种日期格式；❷ 勾选"自动更新"复选框；❸ 单击"确定"按钮。

步骤 03 ❶ 选中日期所在的段落；❷ 单击"开始"选项卡"段落"组中的"居中"按钮 ≡。

4.1.3 设置文本样式

扫一扫，看视频

在使用模板创建文档时，为了快速地为文档设置内容格式，可以在模板中预先设置一些可用的样式效果，在编辑文件时直接选用相应的样式即可。

1. 将标题内容的格式新建为样式

如果已经在模板文件中设置了文本的样式，可以将该样式直接创建为新样式，以便日后使用。

步骤 01 ❶ 选中标题所在段落；❷ 单击"开始"选项卡"样式"组中的"对话框启动器"按钮 ⤵。

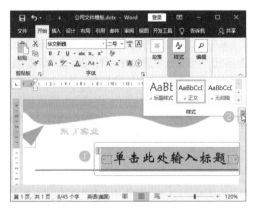

步骤 02 打开"样式"窗格，单击"新建样式"按钮 ᵃ₄。

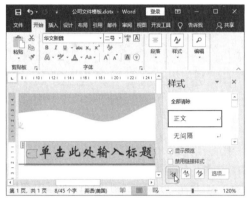

步骤 03 打开"根据格式化创建新样式"对话框，❶ 在"属性"选项组的"名称"文本框中输入标题名称；❷ 单击"确定"按钮。

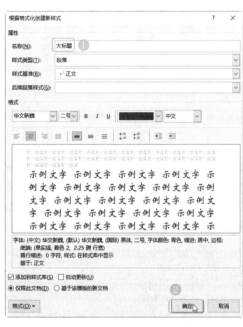

2. 修改"正文"文本样式

正文的文本样式可以通过新建样式来创建，也可以修改原本默认的"正文"文本样式。本案例选择修改"正文"文本样式。

步骤 01 ❶ 在"样式"窗格中单击"正文"右侧的下拉按钮 ▾；❷ 在弹出的下拉菜单中选择"修改"命令。

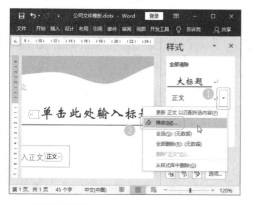

小提示

在"样式"窗格中，需要先将鼠标移动到某个对象上才会显示下拉按钮。

步骤 02 打开"修改样式"对话框，❶ 单击"格式"按钮；❷ 在弹出的下拉菜单中选择"段落"命令。

步骤 03 打开"段落"对话框，❶ 设置"特殊"格式为"首行"，"缩进值"为"2 字符"；❷ 单击"确定"按钮。

步骤 04 返回"修改样式"对话框，❶ 选中"基于该模板的新文档"单选按钮；❷ 单击"确定"按钮。

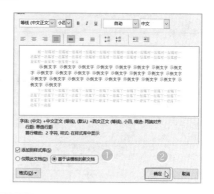

步骤 05 返回文档，❶ 选中正文文本的内容段落；❷ 单击"样式"窗格中的"正文"按钮，为该段落应用正文样式。

步骤 06 使用相同的方法，在"样式"窗格中分别设置标题 1、标题 2 的样式，完成模板的制作。

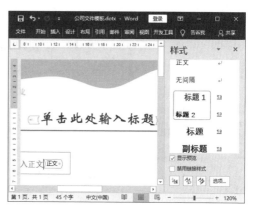

4.2 使用模板制作营销计划书

案例说明

营销计划书是对未来营销方向的规划，是市场开发工作中必不可少的重要文件之一。在制作营销计划书时，不仅要分析市场状况，还要了解同类品牌的竞争情况，以及营销的整体环境等因素，这些是后期执行营销方案的重要依据。本案例制作完成后的效果如下图所示（结果文件参见：结果文件\第4章\营销计划书.docx）。

思路分析

本案例是通过模板来制作营销计划书，首先需要使用4.1节制作的模板创建新文档，然后在文档中添加营销计划书的内容，并应用文本样式。完成内容的添加后，再提取一级标题，制作营销计划书的目录。本案例的具体制作思路如下图所示。

具体操作步骤及方法如下。

4.2.1　制作营销计划书

要使用模板新建 Word 文档，可以在系统的资源管理器中双击打开模板文件，然后在模板中添加相应的内容，也可以通过"新建"菜单新建文件。

扫一扫，看视频

1. 根据模板新建 Word 文档

如果想要使用模板文件创建 Word 文档，直接找到模板文件，双击就可以新建一个以该文件为模板的 Word 文档。除此之外，也可以打开 Word 2019，通过以下方法新建 Word 文档。

启动 Word 文档，单击"文件"选项卡，❶ 单击"新建"选项；❷ 在右侧的窗格中单击"个人"选项卡；❸ 新建的模板将显示在该选项卡中，单击模板即可创建文件。

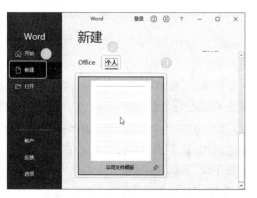

小提示

在 Office 选项卡中，可以选择系统内置的模板创建 Word 文档。

2. 在编辑区添加内容

通过模板文件新建了 Word 文档之后，就可以根据控件提示在编辑区添加内容了。

步骤 01 单击标题区域的格式文本内容控件，输入标题文字。

步骤 02 打开"素材文件 \ 第 4 章 \ 营销计划书 .txt"文本文件，按 Ctrl+A 组合键全选文本，再按 Ctrl+C 组合键复制文本。

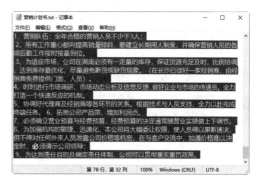

步骤 03 单击正文的格式文本内容控件，按 Ctrl+V 组合键粘贴文本。

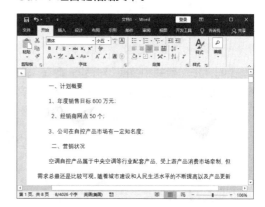

步骤 04 ❶ 单击文档末尾的文件发布日期右侧的日期选取器内容控件；❷ 选择发布日期。

3. 使用"替换"功能删除空格

从其他地方复制的文本经常会出现插入了多个空格的情况，如果挨个删除难免遗漏，也浪费时间。此时，可以使用"替换"功能，将空格一次性删除。

步骤 01 ❶ 选中正文内容；❷ 单击"开始"选项卡"编辑"组中的"替换"按钮。

步骤 02 打开"查找和替换"对话框，❶ 在"替换"选项卡的"查找内容"文本框中输入一个空格，"替换为"文本框中不输入任何内容；❷ 单击"全部替换"按钮。

步骤 03 在弹出的提示对话框中，提示已经替换的内容，单击"否"按钮即可。

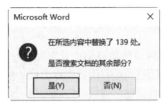

4.2.2 为营销计划书应用样式

在文档中输入文字内容后，可以使用模板中的文字样式快速设置文字格式。

扫一扫，看视频

步骤 01 单击"开始"选项卡"样式"组中的"对话框启动器"按钮。

步骤 02 打开"样式"窗格，❶ 将光标定位到要应用"标题1"样式的段落中；❷ 单击"样式"窗格中的"标题1"样式。

步骤 03 使用相同的方法为其他段落应用合适的样式。

4.2.3　提取标题制作目录

根据文档中设置的标题大纲级别，可以添加目录。添加目录后，需要对目录样式进行调整，以符合人们的审美。

扫一扫，看视频

步骤 01 ❶ 将光标定位到需要插入目录的位置；❷ 单击"引用"选项卡"目录"组中的"目录"下拉按钮；❸ 在弹出的下拉菜单中选择"自定义目录"命令。

步骤 02 打开"目录"对话框，❶ 在"常规"选项组的"显示级别"数值框中设置数值为"1"；❷ 单击"确定"按钮。

步骤 03 返回文档中即可看到已经在目标位置插入目录，❶ 选中目录；❷ 单击"开始"选项卡"段落"组中的"对话框启动器"按钮 ◻。

步骤 04 打开"段落"对话框，❶ 设置"特殊"格式为"（无）"；❷ 单击"确定"按钮。

步骤 05 返回文档中，完成营销计划书的制作。

本章小结

本章通过两个综合案例，系统地讲解了在 Word 2019 中创建模板，添加页眉和页脚、公司图标、水印，利用"开发工具"选项卡中的控件制作模板内容，以及使用模板创建文档、应用字体样式和提取目录等相关知识。通过本章的学习，可以熟练掌握创建模板、添加模板元素和应用模板创建文档的方法，融会贯通就能创建适合的模板。

第5章

Word 文档的高级应用

Word 2019不仅具有编辑文档和表格的功能，还可以使用修订、邮件合并、ActiveX 控件等功能。本章以审阅市场调查报告、制作邀请函和调查问卷表为例，介绍 Word 2019 的高级应用。

知识
技能

本章相关案例及知识技能如下图所示。

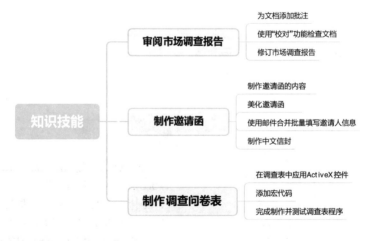

知识技能

审阅市场调查报告
- 为文档添加批注
- 使用"校对"功能检查文档
- 修订市场调查报告

制作邀请函
- 制作邀请函的内容
- 美化邀请函
- 使用邮件合并批量填写邀请人信息
- 制作中文信封

制作调查问卷表
- 在调查表中应用ActiveX控件
- 添加宏代码
- 完成制作并测试调查表程序

5.1 审阅市场调查报告

案例说明

　　在完成了文档的编辑之后，通常需要对文档进行审阅和修订，经过多次修订和审核才能得到满意的结果。使用 Word 2019 中的修订和审阅功能可以记录修改过程。本案例制作完成后的效果如下图所示（结果文件参见：结果文件 \ 第 5 章 \ 市场调查报告 .docx）。

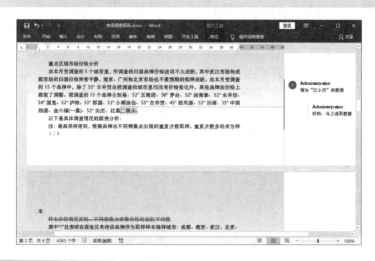

思路分析

　　在审阅市场调查报告时，首先需要为文档添加批注，在查看批注后，如果有需要还要答复批注；解决批注的内容后标注已经解决，如果不再需要批注框，可以删除批注；然后使用"校对"功能检查文档，在需要修订文档的位置修订文档；最后查看修订后的文档，根据实际情况接受与拒绝其修订内容。本案例的具体制作思路如下图所示。

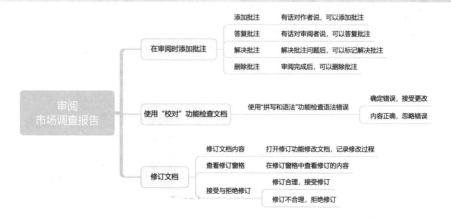

具体操作步骤及方法如下。

5.1.1 为文档添加批注

扫一扫，看视频

在审核文档时，为了给他人指出文档中欠缺的部分，可以添加批注，其他人也可以通过回复批注来交流。

1. 添加批注

在审阅文档时，如果有话对作者说，可以添加批注框，操作方法如下。

步骤 01 打开"素材文件\第5章\市场调查报告.docx"，❶ 将光标定位到需要批注的地方；❷ 单击"审阅"选项卡"批注"组中的"新建批注"按钮。

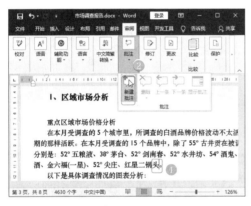

步骤 02 将在目标位置添加一个批注框，在"批注"窗格中直接输入批注内容即可为文档添加批注。

2. 答复批注

他人为文档添加批注之后，作者可以在批注框中回复批注，以此和审阅者交流修改意见，操作方法如下。

步骤 01 选中批注，在显示的批注框中单击"答复"按钮。

小技巧

如果批注框是隐藏状态，在答复批注时，可以单击"审阅"选项卡"批注"组中的"显示批注"按钮，显示批注框。

步骤 02 在批注内容的下方输入答复的内容即可。

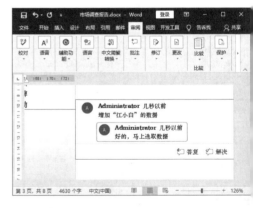

3. 解决批注

已经查看了批注内容，并解决了批注问题后，可以将该批注框标记为解决状态，以方便更好地掌握审阅状态。

步骤 01 在批注框中单击"解决"按钮。

小技巧

在批注框上右击，在弹出的快捷菜单中也可以执行批注的相关操作。

步骤 02 操作完成后即可看到批注框中的内容已经变为灰色。

步骤 03 如果要重新编辑批注框中的内容，可以单击"重新打开"按钮。

4. 删除批注

文档审阅完成后，为了保持页面的整洁，可以删除批注。

❶ 选择文档中要删除的批注框；❷ 单击"审阅"选项卡"批注"组中的"删除"下拉按钮；❸ 在弹出的下拉菜单中选择"删除"命令。

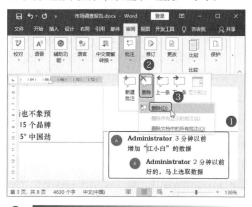

小技巧

在"删除"下拉菜单中，选择"删除文档中的所有批注"命令，可以删除全部批注。

5.1.2 使用"校对"功能检查文档

扫一扫，看视频

在编写文档时，可能会因为一时的误操作导致文章中出现一些错别字、错误词语或者语法错误，此时使用 Word 2019 的拼写和语法功能可以快速地找出和解决这些错误。

步骤 01 单击"审阅"选项卡"校对"组中的"拼写和语法"按钮。

步骤 02 打开"校对"窗格，并自动搜索从光标处开始的第一处错误，在下方的列表框中显示系统认为的正确方案。如果要使用建议的方案，则在"建议"列表框中选择需要更改的选项。

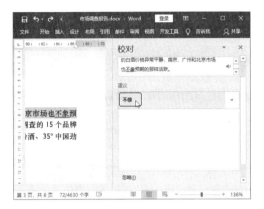

步骤 03 自动跳转到下一处错误，如果不需要更改，可以单击"忽略"按钮。

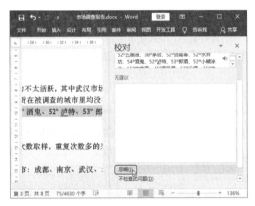

步骤 04 如果不再需要检查相同类型的错误，可以单击"不检查此问题"按钮。

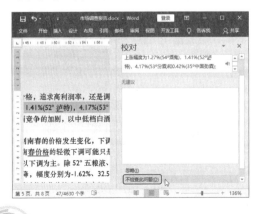

步骤 05 拼写和语法检查完成后弹出提示框，单击"确定"按钮即可。

5.1.3 修订文档

在修订文档的时候，如果想要记录修改的过程，可以开启修订模式再进行修改。

扫一扫，看视频

1. 修订文档内容

在修订文档时，可以开启修订模式，保留修订记录。

步骤 01 单击"审阅"选项卡"修订"组中的"修订"按钮。

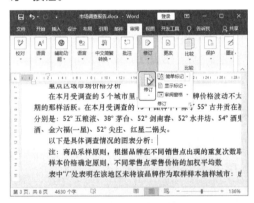

步骤 02 开启修订模式后，如果在文档中增加或删除文本，均会在左侧显示红色竖线标记。

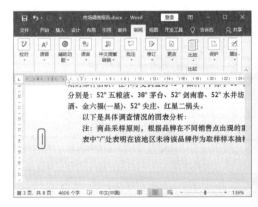

2. 查看"修订"窗格的内容

修订文档之后，可以通过"修订"窗格查看修订的内容。

步骤 01 ❶ 单击"审阅"选项卡"修订"组中的"审阅窗格"下拉按钮 ▼；❷ 在弹出的下拉菜单中选择"垂直审阅窗格"命令。

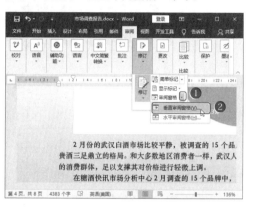

步骤 02 如果要显示修订的所有内容，❶ 可以单击"审阅"选项卡"修订"组中的"简单标记"右侧的下拉按钮；❷ 在弹出的下拉菜单中选择"所有标记"命令。

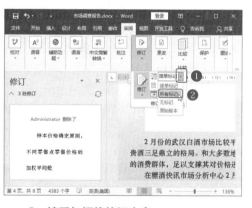

3. 接受与拒绝修订内容

在修订了文档之后，需要审阅所做的修改是否合理，然后接受合理的修改，拒绝不恰当的修改。

步骤 01 将光标定位到修订后的内容中，如果觉得修改合理，可以单击"审阅"选项卡"更改"组中的"接受"按钮。

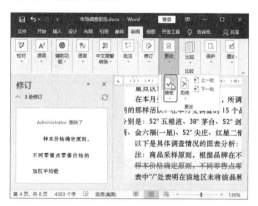

步骤 02 自动跳转至下一处修订，如果查看了修订内容后，觉得后面的修改都不合理，不需要理会时，❶ 可以单击"审阅"选项卡"更改"组中的"拒绝"下拉按钮；❷ 在弹出的下拉菜单中选择"拒绝所有更改并停止修订"命令。

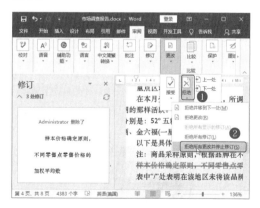

5.2 制作邀请函

案例说明

　　邀请函是活动主办方为了郑重邀请其合作伙伴参加活动而专门制作的一种书面函件，体现了主办方的盛情。下面以制作会议邀请函为例，介绍商务会议邀请函的制作方法。本案例制作完成后的效果如下图所示（结果文件参见：结果文件\第5章\会议邀请函.docx）。

思路分析

　　在制作邀请函时，首先要调整邀请函的纸张方向，然后输入邀请函的内容并设置字体、段落格式和对齐方式，并美化邀请函的标题和背景。在填写邀请人信息和制作信封时，使用邮件合并功能批量导入，可以节约制作时间。本案例的具体制作思路如下图所示。

具体操作步骤及方法如下。

5.2.1　制作邀请函内容

邀请函的内容和格式比较简单，可以在录入邀请函内容后再进行格式设置。

扫一扫，看视频

1. 设置纸张方向

很多邀请函都是以横向的页面格式制作，而 Word 文档的默认纸张方向为纵向，如果需要制作横向的文档，可以通过设置纸张方向来完成。

新建一个名为"会议邀请函"的 Word 文档，❶ 单击"布局"选项卡"页面设置"组中的"纸张方向"下拉按钮；❷ 在弹出的下拉菜单中选择"横向"命令。

2. 设置字体和段落格式

邀请函有着与其他信函相同的格式，所以需要进行相应的段落设置。因为邀请函大多需要发送给多人，所以在输入邀请函内容时，先不输入被邀请者的姓名，而使用后文中的"邮件合并"功能批量导入姓名。

步骤 01 ❶ 输入邀请函内容，但不需要输入被邀请者的姓名，按 Ctrl+A 组合键选择所有文本；❷ 在"开始"选项卡的"字体"组中设置字体格式。

步骤 02 ❶ 选中"您好"以下、"此致"以上的文本；❷ 单击"开始"选项卡"段落"组中的"对话框启动器"按钮。

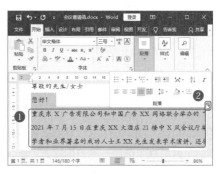

步骤 03 打开"段落"对话框，❶ 设置"特殊"格式为"首行"，"缩进值"为"2 字符"；❷ 设置"行距"为"1.5 倍行距"；❸ 单击"确定"按钮。

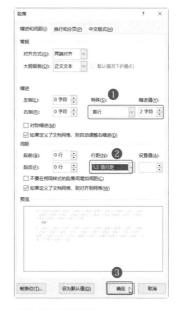

3. 插入日期和时间

在邀请函的末尾处需要输入日期，除了手动输入之外，使用日期和时间功能可以快速地插入当前日期。

步骤 01 ❶ 将光标定位到文档的末尾处；❷ 单击"插入"选项卡"文本"组中的"日期和时间"按钮。

步骤 02 打开"日期和时间"对话框，❶ 在"可用格式"列表框中选择一种日期格式；❷ 单击"确定"按钮即可插入当前日期。

4．设置对齐方式

信函的对齐方式与普通文本有所不同，在完成了邀请函的其他设置后，还需要设置对齐方式。

步骤 01 ❶ 选择"邀请函"文本；❷ 单击"开始"选项卡"段落"组中的"居中"按钮。

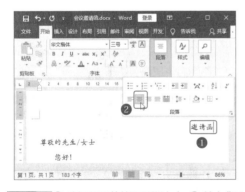

步骤 02 ❶ 选择公司落款和日期文本；❷ 单击"开始"选项卡"段落"组中的"右对齐"按钮。

5.2.2 美化邀请函

扫一扫，看视频

输入邀请函内容之后，还可以对邀请函的标题样式进行美化，并插入图片作为背景，使邀请函更加美观。

1．美化标题样式

艺术字的样式美观大方，直接使用"文本效果和版式"功能可以轻松地将普通文字转换为艺术字。

步骤 01 ❶ 选择"邀请函"文本；❷ 单击"开始"选项卡"字体"组中的"文本效果和版式"下拉按钮 ；❸ 在弹出的下拉菜单中选择一种艺术字样式。

步骤 02 保持"邀请函"文本的选中状态，❶ 再次单击"开始"选项卡"字体"组中的"文本效果和版式"下拉按钮 ；❷ 在弹出的下拉菜单中选择"轮廓"命令；❸ 在弹出的子菜单中选择一种轮廓颜色。

步骤 03 保持"邀请函"文本的选中状态，❶ 再次单击"开始"选项卡"字体"组中的"文本效果和版式"下拉按钮 A▾ ；❷ 在弹出的下拉菜单中选择"映像"命令；❸ 在弹出的子菜单中选择一种映像变体。

步骤 04 操作完成后即可看到设置艺术字样式后的效果。

2. 插入图片背景

为邀请函插入图片背景，可以使邀请函更加美观。

步骤 01 ❶ 单击"插入"选项卡"插图"组中的"图片"下拉按钮；❷ 在弹出的下拉菜单中选择"此设备"命令。

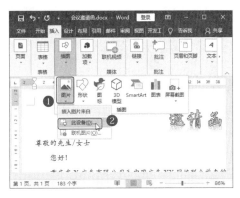

步骤 02 打开"插入图片"对话框，❶ 选择"素材文件\第 5 章\背景 .JPG"图片文件；❷ 单击"插入"按钮。

步骤 03 ❶ 选中图片；❷ 单击"图片工具／格式"选项卡"排列"组中的"旋转"下拉按钮；❸ 在弹出的下拉菜单中选择"向右旋转 90°"命令。

步骤 04 保持图片的选中状态，❶ 单击"图片工具 / 格式"选项卡"排列"组中的"环绕文字"下拉按钮；❷ 在弹出的下拉菜单中选择"衬于文字下方"命令。

步骤 05 通过图片四周的控制点调整图片大小，并将图片移动到合适的位置即可。

5.2.3 使用邮件合并批量填写邀请人信息

扫一扫，看视频

邀请函一般是分发给多个不同受邀人员的，所以需要制作多张内容相同但接收人不同的邀请函。使用 Word 2019 的邮件合并功能，可以快速制作多张邀请函。

1. 新建联系人列表

在使用邮件合并功能时，可以使用以前已经创建好的联系人列表，也可以新建联系人列表。下面介绍新建联系人列表的方法。

步骤 01 ❶ 单击"邮件"选项卡"开始邮件合并"组中的"选择收件人"下拉按钮；❷ 在弹出的

下拉菜单中选择"键入新列表"命令。

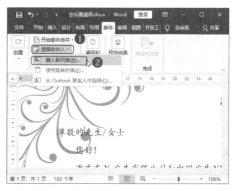

步骤 02 打开"新建地址列表"对话框，❶ 在列表框中输入第一个收件人的相关信息；❷ 单击"新建条目"按钮。

步骤 03 ❶ 使用同样的方法创建其他收件人的相关信息；❷ 单击"确定"按钮。

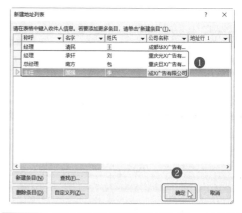

步骤 04 打开"保存通讯录"对话框，❶ 设置文件名和保存位置；❷ 单击"保存"按钮。

2. 插入姓名字段

新建联系人列表后，就可以插入姓名字段创建完整的邀请函了。

步骤 01 ❶ 将光标定位在要使用邮件合并功能的位置；❷ 单击"邮件"选项卡"编写和插入域"组中的"插入合并域"按钮。

步骤 02 打开"插入合并域"对话框，❶ 在"域"列表框中选择"姓氏"选项；❷ 单击"插入"按钮。

步骤 03 关闭"插入合并域"对话框，❶ 单击"邮件"选项卡"编写和插入域"组中的"插入合并域"下拉按钮；❷ 在弹出的下拉菜单中选择"名字"命令。

🔔 小提示

在"插入合并域"对话框中，单击"插入"按钮后，"取消"按钮将变为"关闭"按钮，单击"关闭"按钮可以关闭该对话框。

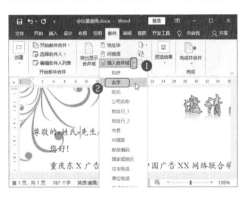

3. 预览并打印邀请函

插入了姓名字段后，并不会马上显示联系人的姓名，需要通过预览结果功能查看邀请函。如果确认邀请函没有错误，就可以打印邀请函并进行下一步的发放工作了。

步骤 01 单击"邮件"选项卡"预览结果"组中的"预览结果"按钮。

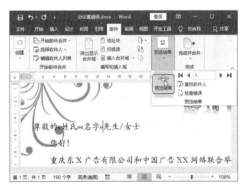

步骤 02 查看当前信函的内容，单击"预览结果"组中的"上一条" ◀ 或"下一条" ▶ 按钮查看其他邀请函。

步骤 03 确定邀请函无误后，❶ 单击"邮件"选项卡"完成"组中的"完成并合并"下拉按钮；❷ 在弹出的下拉菜单中选择"打印文档"命令。

步骤 04 打开"合并到打印机"对话框，❶ 选中"全部"单选按钮；❷ 单击"确定"按钮。

步骤 05 打开"打印"对话框，❶ 设置相关的打印参数；❷ 单击"确定"按钮，开始打印邀请函。

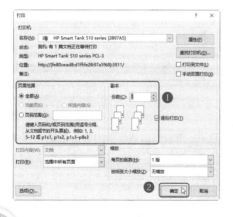

5.2.4 制作中文信封

邀请函制作完成后需要分别送到收件人的手中，虽然现在发送信件的方法很多，已经不局限于邮寄，但正式的邀请函还是需要通过邮寄的方式送出。当收件人较多时，手写信封不仅工作量大，还容易发生错漏。此时可以通过邮件功能创建中文信封。

1. 创建中文信封

通过创建中文信封，可以批量导入联系人地址，避免手写的麻烦。

步骤 01 单击"邮件"选项卡"创建"组中的"中文信封"按钮。

步骤 02 打开"信封制作向导"对话框，单击"下一步"按钮。

步骤 03 ❶ 在"选择信封样式"界面中选择信封样式为"国内信封 -ZL（230×120）"；❷ 单

击"下一步"按钮。

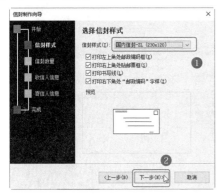

步骤 04 ❶ 在"选择生成信封的方式和数量"界面中选中"键入收信人信息，生成单个信封"单选按钮；❷ 单击"下一步"按钮。

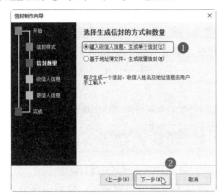

步骤 05 打开"输入收信人信息"界面，本案例需要引用联系人列表中的收件人信息，所以直接单击"下一步"按钮。

步骤 06 ❶ 在"输入寄信人信息"界面输入寄信人的姓名、单位、地址和邮编；❷ 单击"下一步"按钮。

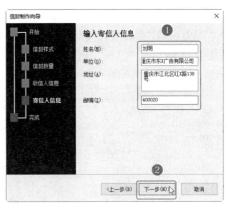

步骤 07 单击"完成"按钮，退出信封制作向导。

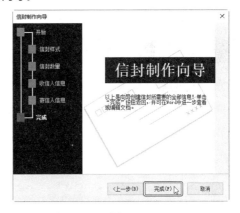

2. 编辑联系人列表

信封的内容可以在"信封制作向导"对话框中输入，也可以使用现有的联系人列表。如果联系人列表中的信息不全，还可以编辑联系人列表。

步骤 01 ❶ 单击"邮件"选项卡"开始邮件合并"组中的"选择收件人"按钮；❷ 在弹出的下拉菜单中选择"使用现有列表"命令。

步骤 02 打开"选择数据源"对话框，并自动定位到默认的数据源位置，❶ 选择要使用的通讯录名称；❷ 单击"打开"按钮。

步骤 03 单击"邮件"选项卡"开始邮件合并"组中的"编辑收件人列表"按钮。

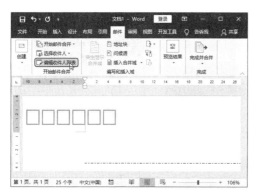

步骤 04 打开"邮件合并收件人"对话框，❶ 在"数据源"列表框中选择需要编辑的联系人文件；❷ 单击"编辑"按钮。

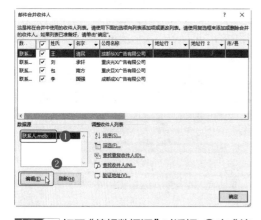

步骤 05 打开"编辑数据源"对话框，❶ 在"编辑的数据源"列表框中编辑联系人的信息；❷ 完成后单击"确定"按钮。

步骤 06 弹出提示对话框，提示是否更新收件人列表，单击"是"按钮即可。

3. 导入联系人信息并打印

联系人信息编辑完成后，就可以在信封中导入联系人信息。

步骤 01 ❶ 将光标定位到要插入邮政编码的位置；❷ 单击"邮件"选项卡"编写和插入域"组的"插入合并域"下拉按钮；❸ 在弹出的下拉菜单中选择"邮政编码"命令。

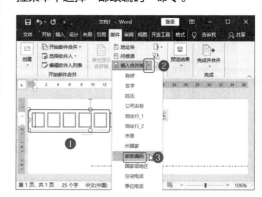

步骤 02 使用相同的方法插入其他联系人信息。

步骤 03 ❶ 插入完成后在姓名后输入"（收）"，并设置收件人栏的字体样式；❷ 单击"邮件"选项卡"预览结果"组中的"预览结果"按钮。

步骤 04 在预览结果界面中即可看到信封的最终效果。

✎ 读书笔记

5.3 制作调查问卷表

案例说明

　　在开发新产品或推出新服务时，为了使产品或服务更好地适应市场的需求，通常需要事先对市场需求进行调查。本案例将使用 Word 2019 制作一份调查问卷表，并利用 Word 2019 中的 Visual Basic 脚本添加一些交互功能，使调查问卷表更加人性化，让被调查者可以更快速、方便地填写问卷信息。本案例制作完成后的效果如下图所示（结果文件参见：结果文件\第 5 章\调查问卷表 .docm）。

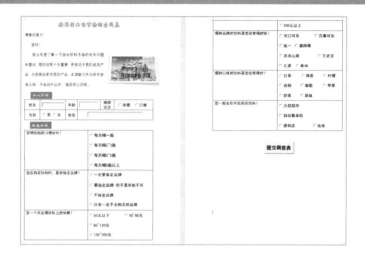

思路分析

　　在制作调查问卷表时，需要先将文件另存为启用宏的 Word 文档，然后在开发工具中插入文本框控件、选项按钮控件、复选框控件和命令按钮控件。文档主体制作完成后，再为命令按钮添加宏代码，最后保护文档，填写问卷信息，完成调查问卷表的制作。本案例的具体制作思路如下图所示。

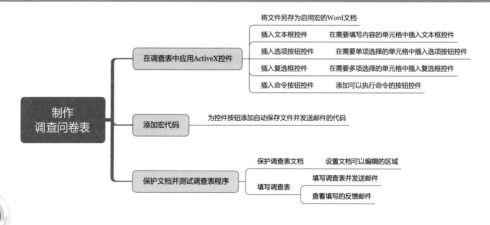

具体操作步骤及方法如下。

5.3.1 在调查表中应用 ActiveX 控件

ActiveX 控件是可以在应用程序中重复使用的组件和对象，如按钮、文本框、组合框、复选框等。在 Word 中插入 ActiveX 控件不仅可以丰富文档内容，还可以针对 ActiveX 控件进行程序开发，使 Word 具有更复杂的功能。

扫一扫，看视频

1. 将文件另存为启用宏的 Word 文档

在调查问卷表中，需要使用 ActiveX 控件，并需要应用宏命令实现部分控件的特殊功能，所以需要将素材文件中的 Word 文档另存为启用宏的 Word 文档格式。

步骤 01 打开"素材文件\第 5 章\调查问卷表 .docx"文件，❶ 在"文件"选项卡中单击"另存为"选项；❷ 在右侧窗格中单击"浏览"按钮。

步骤 02 打开"另存为"对话框，❶ 设置保存路径和文件名，设置"保存类型"为"启用宏的 Word 文档（*.docm）"；❷ 单击"保存"按钮。

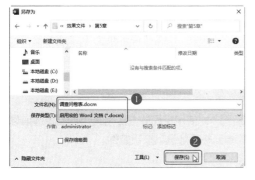

2. 插入"文本框控件"

在调查问卷表中，需要用户输入内容的地方可以应用"文本框控件"，并根据需要对文本框控件的属性进行设置。

步骤 01 ❶ 将光标定位到"姓名"右侧的单元格中；❷ 单击"开发工具"选项卡"控件"组中的"旧式工具"下拉按钮🛠；❸ 在弹出的下拉菜单中单击"文本框控件"按钮🔤。

🔔 小提示

如果工具栏中没有显示"开发工具"选项卡，在插入文本框控件之前，需要使用前文所学的方法将"开发工具"选项卡添加到工具栏中。

步骤 02 通过拖动文本框四周的控制点调整文本框的大小。

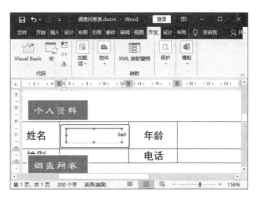

步骤 03 使用相同的方法为其他需要填写内容的单元格添加文本框。

3. 插入选项按钮控件

如果要求他人在填写调查问卷表时进行选择，而不是填写，并且只能选择一项信息，可以使用选项按钮控件。

步骤 01 ❶ 将光标定位到"性别"栏右侧的单元格中；❷ 单击"开发工具"选项卡"控件"组中的"旧式工具"下拉按钮，❸ 在弹出的下拉菜单中单击"选项按钮控件"按钮◉。

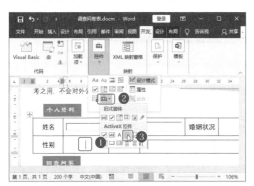

步骤 02 添加的选项按钮为选中状态，单击"开发工具"选项卡"控件"组中的"属性"按钮。

步骤 03 打开"属性"对话框，❶ 将 Caption 更改为"男"，GroupName 更改为 Sex；❷ 单击"关闭"按钮，关闭"属性"对话框。

步骤 04 通过拖动文本框四周的控制点调整选项按钮控件的大小。

步骤 05 使用相同的方法在"性别"栏右侧的单元格中再次添加一个选项按钮控件，并打开"属性"对话框，将 Caption 更改为"女"，GroupName 更改为 Sex。

步骤 06 使用相同的方法为其他需要单选信息的单元格添加选项按钮控件。

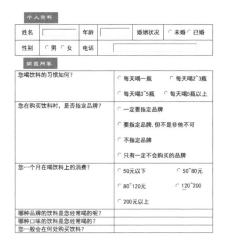

小提示

　　属性是指对象的某些特性，不同的控件具有不同的属性，各种属性分别代表它的一种特性，当属性值不同时，则控件的外观或功能也不相同。例如，选项按钮控件的 Caption 属性用于设置控件上显示的标签文字内容；GroupName 属性用于设置多个选项按钮所在的不同组别，同一组别中只能选中其中的一个选项按钮。

4. 插入复选框控件

　　如果要求用户在对信息进行选择时可以选择多项信息，可以使用复选框控件。

步骤 01 ❶ 将光标定位到"哪种品牌的饮料是您经常喝的呢？"右侧的单元格中；❷ 单击"开发工具"选项卡"控件"组中的"旧式工具"下拉按钮 📑▾；❸ 在弹出的下拉菜单中单击"复选框控件"按钮 ☑。

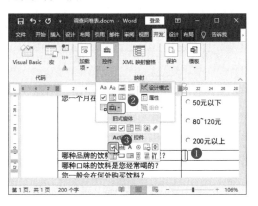

步骤 02 添加的复选框控件为选中状态，单击"开发工具"选项卡"控件"组中的"属性"按钮。

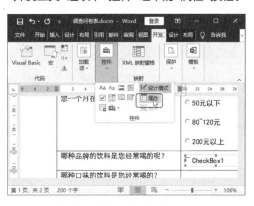

步骤 03 在"属性"对话框中设置 Caption 为"可口可乐"，设置 GroupName 为 pz。

步骤 04 使用相同的方法分别添加其他复选框控件，注意保持 GroupName 相同。

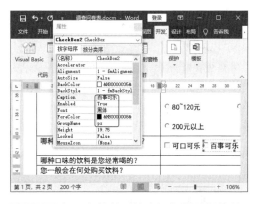

步骤 05 在下方的单元格中添加复选框控件，并打开"属性"对话框，在"属性"对话框中

设置 Caption 为"红茶"，设置 GroupName 为 kw。

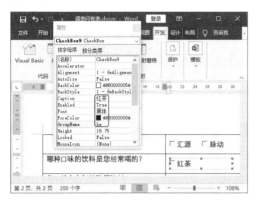

步骤 06 使用相同的方法分别添加其他复选框控件，注意保持 GroupName 相同。

步骤 07 分别为表格中可多选的单元格添加复选框控件。

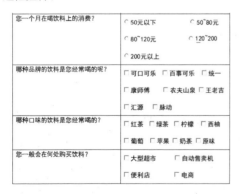

5．插入命令按钮控件

如果要让用户可以快速地执行一些指定的操作，可以在 Word 文档中插入命令按钮控件，并通过编写按钮事件过程代码实现其功能。

步骤 01 ❶ 将光标定位到表格下方需要添加按钮的位置；❷ 单击"开发工具"选项卡"控件"组中的"旧式工具"下拉按钮 ；❸ 在弹出的下拉菜单中单击"命令按钮控件"按钮 。

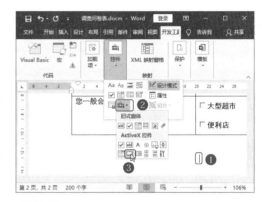

步骤 02 插入的按钮呈选中状态，单击"开发工具"选项卡"控件"组中的"属性"按钮。

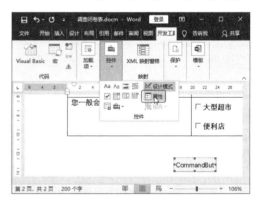

步骤 03 打开"属性"对话框，❶ 设置 Caption 为"提交调查表"；❷ 单击 Font 选项右侧的"..."按钮。

步骤 04 打开"字体"对话框，❶ 根据需要设置字体样式；❷ 单击"确定"按钮。

步骤 05 返回文档中，通过拖动按钮四周的控制点调整按钮大小。

5.3.2 添加宏代码

在用户填写完调查问卷表后，需要保存填写的内容，并以邮件的方式将文档发送至指定邮箱。此时可以在"提交调查表"按钮上添加宏代码，单击该按钮后即可自动保存文件并发送邮件。

扫一扫，看视频

步骤 01 ❶ 单击"开发工具"选项卡"控件"组中的"设计模式"按钮，打开设计模式；❷ 双击文档中的"提交调查表"按钮。

步骤 02 打开代码窗口，并生成代码，在按钮单击事件过程中输入如下图所示的程序代码。

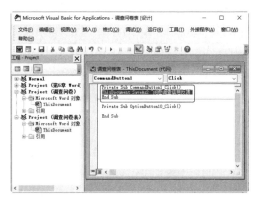

步骤 03 ❶ 单击"文件"选项卡；❷ 在弹出的下拉菜单中选择"导出文件"命令。

步骤 04 打开"导出文件"对话框，❶ 保持默认的保存路径和保存类型，并设置文件名为"问卷调查信息反馈"；❷ 单击"保存"按钮。

步骤 05 在保存文件的代码后添加发送代码，并设置邮件地址，设置邮件主题为"问卷调查信息反馈"，具体代码如下图所示。

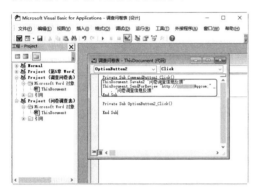

小提示

Visual Basic 中的语句是一个完整的命令，它可以包含关键字、运算符、变量、常数以及表达式等元素，各元素之间用空格进行分隔，每一条语句完成后按 Enter 键换行。如果要将一条语句连续地写在多行上，则可以使用续行符"-"连接多行。

5.3.3 保护文档并测试调查表程序

扫一扫，看视频

为了保证调查表不被用户误修改，需要进行保护文档的操作，使用户只能修改调查表中的控件值。同时，为了查看调查表的效果，还需要对整个调查表程序的功能进行测试。

1. 保护调查表文档

使用保护文档中的仅允许填写窗体功能，可以让用户只能在控件上进行填写，而不能对文档内容进行其他操作。

步骤 01 单击"开发工具"选项卡"控件"组中的"设计模式"按钮，退出设计模式。单击"开发工具"选项卡"保护"组中的"限制编辑"按钮。

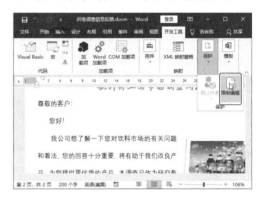

步骤 02 打开"限制编辑"窗格，❶ 勾选"仅允许在文档中进行此类型的编辑"复选框，在下方的下拉列表中选择"填写窗体"选项；❷ 单击"是，启动强制保护"按钮。

步骤 03 打开"启动强制保护"对话框，❶ 在"新密码"和"确认新密码"文本框中输入密码；❷ 单击"确定"按钮。

2．填写调查表

调查表制作完成后，可以填写调查表进行测试。

步骤 01 ❶ 在文档中填写调查表中的相关信息；❷ 填写完成后单击"提交调查表"按钮。

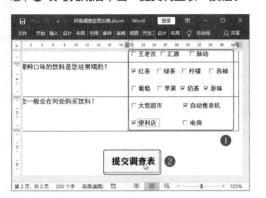

步骤 02 此时，Word 将自动调用 Outlook 软件，并自动填写收件人地址、主题和附件内容，单击"发送"按钮即可直接发送邮件。

步骤 03 发送完成后，接收邮箱将收到信息反馈的邮件，打开查看即可。

本章小结

本章通过三个综合案例，系统地讲解了审阅文档、使用邮件合并批量导入信息、使用 ActiveX 控件制作调查问卷表的方法，以及校对文档、设置纸张方向、插入背景图片、新建联系人列表、添加宏代码、保护调查表文档等相关知识。通过本章的学习，可以熟练掌握审阅文档、邮件合并、使用 ActiveX 控件的操作方法，并能够融会贯通地应用到实际工作中。

✏ 读书笔记

第 **6** 章

使用 Excel 编辑与计算数据

本章
导读

Excel 2019 是一款功能强大的电子表格软件，不仅具有表格编辑功能，还可以在表格中进行公式计算。本章以制作员工档案表和员工考评成绩表，以及制作并打印员工工资表为例，介绍 Excel 表格编辑与公式计算的操作技巧。

知识
技能

本章相关案例及知识技能如下图所示。

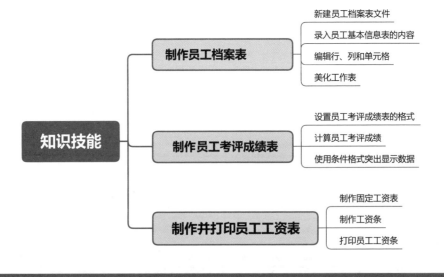

知识技能	制作员工档案表	新建员工档案表文件
		录入员工基本信息表的内容
		编辑行、列和单元格
		美化工作表
	制作员工考评成绩表	设置员工考评成绩表的格式
		计算员工考评成绩
		使用条件格式突出显示数据
	制作并打印员工工资表	制作固定工资表
		制作工资条
		打印员工工资条

6.1 制作员工档案表

案例说明

　　员工档案表是公司行政和人事部门常用的一种 Excel 文档。因为 Excel 文档可以存储很多数据类信息，所以在录入员工档案等信息时通常会选择 Excel。在员工档案表中，包括员工的编号、姓名、性别、生日、身份证号等一系列员工的基本个人信息。本案例制作完成后的效果如下图所示（结果文件参见：结果文件\第 6 章\公司员工档案表 .xlsx ）。

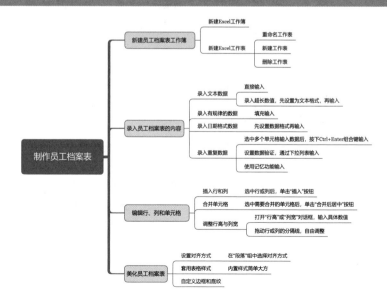

思路分析

　　在制作员工档案表时，首先要创建一个 Excel 文件，并为工作表重新命名。在录入数据时，根据数据的类型选择不同的录入方法，并根据需要对工作表中的行、列、单元格、行高、列宽等进行调整。最后利用表格样式、边框和底纹等，对工作表进行最后的美化操作。本案例的具体制作思路如下图所示。

具体操作步骤及方法如下。

6.1.1 新建员工档案表文件

扫一扫，看视频

在办公应用中，常常有大量的数据信息需要进行存储和处理，此时可以使用 Excel 表格进行录入和存储。

1. 新建 Excel 工作表文件

在存储数据信息时，首先创建一个 Excel 文件。

步骤 01 ❶ 在要创建 Excel 工作表文件的文件夹中右击；❷ 在弹出的快捷菜单中选择"新建"命令；❸ 在弹出的子菜单中选择"Microsoft Excel 工作表"命令。

步骤 02 该文件夹中将新建一个名为"新建 Microsoft Excel 工作表.xlsx"的 Excel 文档，文件名呈选中状态。

步骤 03 输入"公司员工档案表"，然后按 Enter 键确认。

🔔 **小提示**

> 如果要更改文件名，在 Excel 文档上右击，在弹出的快捷菜单上选择"重命名"命令，然后输入新文件名即可。

2. 重命名工作表名称

一个 Excel 工作表文件可以称为工作簿，一个工作簿中可以有多个工作表。为了区分这些工作表，可以对其进行重命名。

步骤 01 ❶ 在工作表的 Sheet1 标签上右击；❷ 在弹出的快捷菜单中选择"重命名"命令。

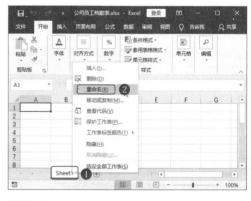

步骤 02 工作表的文件名呈选中状态，输入"员工档案"文本，按 Enter 键或单击任意空白处即可重命名工作表。

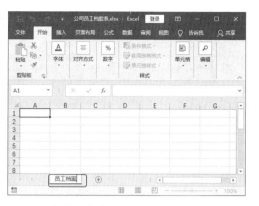

3. 新建工作表

默认的工作簿中只有一个工作表，如果用户要在同一工作簿中保存多个不同表格的数据时，则需要新建更多的工作表。

步骤 01 单击工作表标签右侧的"新工作表"按钮⊕。

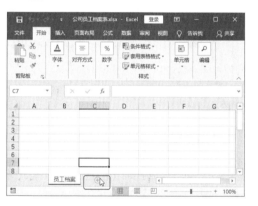

步骤 02 操作完成后即可在当前工作簿中新建一个工作表。

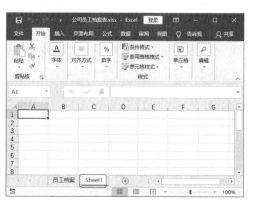

🔔 小提示

工作表是工作簿中存在的独立表格，一个工作簿中可以有多个工作表，用于在同一文件中保存多个不同类型或不同内容的表格数据。每个工作表都有自己的独立名称，用于区别其中保存的数据。新建的工作簿中默认有一个工作表，其名称为 Sheet1，如果新建了工作表，则会默认命名为 Sheet2、Sheet3、Sheet4。工作表的标签在 Excel 工作区底部，单击相应的标签可以切换至相应的工作表。

4. 删除工作表

如果工作簿中不再需要某一工作表，可以将其删除。

❶ 在工作表标签上右击；❷ 在弹出的快捷菜单中选择"删除"命令，操作完成后即可删除该工作表。

🔔 小技巧

当工作表比较多时，如果工作表标签处无法将所有工作表标签都显示出来，可以单击工作表标签左侧的导航按钮◀　▶，切换当前显示的工作表标签。

6.1.2 录入员工基本信息

扫一扫，看视频

Excel 工作簿创建完成后，需要在单元格中输入相应的数据，下面将在工作表中录入员工基本信息。

1. 录入文本内容

在 Excel 中，每个单元格中的内容具有多种数据格式，不同的数据内容在录入时有一定的区别。如果是录入普通的文本和数值，在选择单元格后直接输入内容即可，具体操作方法如下。

步骤 01 ❶ 单击工作表中的第一个单元格，直接输入文本内容；❷ 按 Tab 键快速选择右侧单元格，用相同的方法输入其他文本内容。

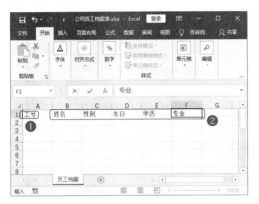

步骤 02 ❶ 将光标定位到 B2 单元格，输入第一个员工的姓名；❷ 按 Enter 键自动换至下方的 B3 单元格，再输入第二个员工的姓名。使用相同的方法输入其他员工的姓名。

2. 填充数据

在单元格中输入数据时，如果数据是连续的，可以使用填充数据功能快速输入数据，具体的操作方法如下。

步骤 01 ❶ 选择 A2 单元格，在单元格中输入工号 202001；❷ 将鼠标指针指向所选单元格右下角的填充柄，此时鼠标指针将变为

"＋"形状，按住鼠标左键，向下拖动填充柄，将填充区域拖动至目标单元格。

步骤 02 ❶ 单击"自动填充选项"按钮；❷ 在弹出的快捷菜单中选中"填充序列"单选按钮。

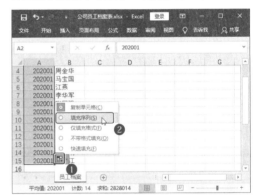

步骤 03 操作完成后即可看到目标单元格已经按序列填充，此时完成了工号的录入。

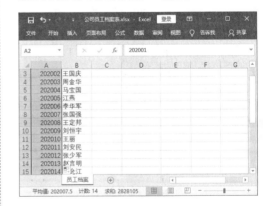

3. 输入日期格式数据

日期型数据有多种形式，在 Excel 中录入日期数据时，默认以"2021/5/25"格式显示。如果想要使用其他日期格式，例如"2021-05-25"，可以先为单元格设置数据类型再录入日期。

步骤 01 ❶ 选中要输入日期数据的单元格；❷ 单击"开始"选项卡"数字"组中的"对话框启动器"按钮。

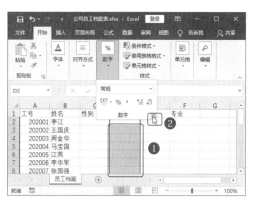

步骤 02 打开"设置单元格格式"对话框，❶ 选择"数字"选项卡的"分类"列表框中的"日期"选项；❷ 在"类型"列表框中选择日期数据的类型；❸ 单击"确定"按钮。

步骤 03 完成单元格日期格式的设置后，输入日期数据。

步骤 04 按 Enter 键即可自动转换为设置的日期格式，然后使用相同的方法录入其他日期即可。

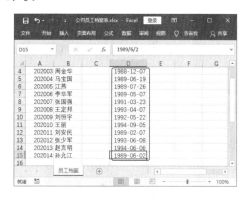

4. 快速输入相同的数据

在输入表格数据时，如果要在某些单元格中输入相同的数据，可以使用以下方法快速输入。本案例以输入"性别"列的数据为例，介绍快速输入相同数据的方法。

步骤 01 按 Ctrl 键选择所有需要输入相同数据"男"的单元格，选中后直接输入"男"。

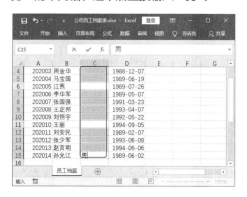

步骤 02 按 Ctrl+Enter 组合键，可以将该数据填充至所有选中的单元格中。使用相同的方法在剩下的单元格中输入"女"即可。

5. 使用下拉列表输入数据

在表格中输入数据时，为了保证数据的准确性，方便以后对数据进行查找，对相同的数据应使用相同的描述文字。如"学历"中需要使用的"大专"和"专科"有相同的含义，而在录入数据时应使用统一的描述文字，如统一使用"专科"表示。此时，可以使用"数据验证"功能为单元格加入限制，防止同一种数据有多种表现形式，对单元格内容添加允许输入的数据序列，并提供下拉按钮进行选择，具体操作方法如下。

步骤 01 ❶ 选中要设置数据验证的单元格；❷ 单击"数据"选项卡"数据工具"组中的"数据验证"按钮。

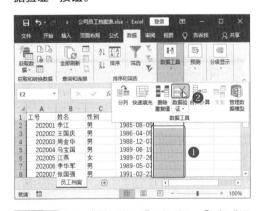

步骤 02 打开"数据验证"对话框，❶ 在"设

置"选项卡的"允许"下拉列表中选择"序列"；❷ 在"来源"文本框中输入数据，数据之间以英文的逗号隔开；❸ 单击"确定"按钮。

步骤 03 返回工作表中，单击设置了数据验证的单元格区域中的任意单元格，右侧将出现下拉按钮，单击单元格右侧的下拉按钮，在下拉列表中选择数据。

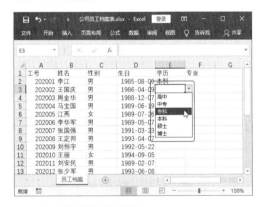

6. 使用记忆功能输入

在录入数据内容时，如果输入的数据在其他单元格中已经存在，可以借助 Excel 中的记忆功能快速输入数据，具体操作方法如下。

步骤 01 在"专业"列中输入数据内容，在输入过程中如果遇到出现过的数据，在输入部分数据后将自动出现完整的数据内容，按 Enter 键即可完成数据输入。

步骤 02 继续输入其他数据，如果遇到出现过的数据，均可使用以上方法输入。

小提示

当输入数据的部分内容时，如果 Excel 不能从已存在的数据中找出唯一的数据，则不会出现提示。如表格中已经有"广告设计"和"广告营销"两个数据，如果在新单元格中输入"广告"两个字，Excel 无法确定将引用哪一个数据，此时就不会显示提示。

6.1.3 编辑行、列和单元格

在 Excel 中录入了数据之后，有时候需要对工作表中的单元格或单元格区域进行一些编辑和调整，如插入或删除行、列，调整列宽、行高等操作。

扫一扫，看视频

1. 在工作表中插入行和列

在工作表的制作过程中，如果发现需要添加行和列来增添数据，可以使用插入行和列的

命令来完成。例如，要在工作表中增加一行标题行和身份证号码列，可以分别插入行和列。

步骤 01 ❶ 单击第一行的行号，选择该行；❷ 单击"开始"选项卡"单元格"组中的"插入"按钮。

步骤 02 操作完成后即可在表格上方插入行。

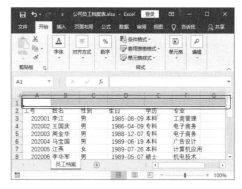

步骤 03 ❶ 单击"学历"所在列的列号，选择该列；❷ 单击"开始"选项卡"单元格"组中的"插入"下拉按钮；❸ 在弹出的下拉菜单中选择"插入工作表列"命令。

步骤 04 操作完成后即可在目标位置插入列。

2. 合并单元格

如果要在表格的上方添加标题，需要在标题行执行合并单元格的操作，以输入表格标题，具体操作方法如下。

步骤 01 ❶ 选择 A1:G1 单元格区域；❷ 单击"开始"选项卡"对齐方式"组中的"合并后居中"按钮 圄。

步骤 02 操作完成后即可看到所选单元格区域已经合并为一个单元格。

3. 调整行高与列宽

因为单元格中输入的内容不同，需要的行高和列宽也有所不同。例如，标题行需要比普通表格数据用更大的字号来表示，为了完整地显示标题文本，需要调整行高；身份证号码列为了显示完整的身份证号码，需要调整列宽。下面分别调整工作表的行高和列宽。

步骤 01 ❶ 选中标题行；❷ 单击"开始"选项卡"单元格"组中的"格式"下拉按钮；❸ 在弹出的下拉菜单中选择"行高"命令。

步骤 02 打开"行高"对话框，❶ 在"行高"文本框中输入需要的行高；❷ 单击"确定"按钮。

步骤 03 将鼠标指针置于 E 列与 F 列之间的分隔线处，当鼠标指针变为 ✛ 时，按住鼠标左键拖动所在列的分隔线。

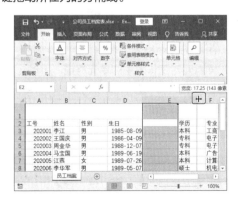

步骤 04 拖动到合适的位置后释放鼠标左键，即可调整该列的宽度。

小提示

录入数据后，如果单元格出现"#####"的显示状态，说明单元格需要增加列宽。

4. 输入身份证号码

Excel 中表示和存储的数字最大精确到 15 位有效数字，如果输入的整数超出 15 位数字，那 15 位之后的数字会变为零。如 123 456 789 123 456 789，输入 Excel 中后就变为了 123 456 789 123 456 000。如果是大于 15 位有效数字的小数，则会将超出的部分截去。

对于一些很大或很小的数值，Excel 会自动以科学记数法表示，如 123 456 789 123 456，会以科学记数法表示为 1.23457E+14，表示 1.23457×10^{14}。

身份证号码是 18 位的数字，如果要完整地显示身份证号码，需要在录入前将单元格格式设置为文本。

步骤 01 ❶ 录入表格的标题和表头；❷ 选中要录入身份证号码的单元格区域；❸ 单击"开始"选项卡"数字"组中的"数字格式"下拉按钮；❹ 在弹出的下拉菜单中选择"文本"命令。

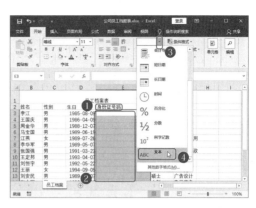

步骤 02 在"身份证号码"列下方的单元格中录入身份证号码即可。

6.1.4 美化工作表

扫一扫，看视频

在数据录入完成后，为了使表格的数据更加清晰，使表格更加美观，可以为表格添加各种样式，以美化工作表。

1. 设置表格的对齐方式

Excel 中的数据默认为左对齐，为了美观，可以将其设置为"垂直居中"和"居中"对齐。

步骤 01 ❶ 选中整个数据区域；❷ 单击"开始"选项卡"对齐方式"组中的"垂直居中"按钮≡和"居中"按钮≡。

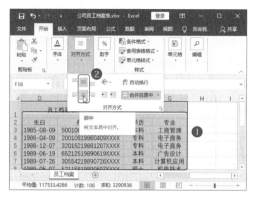

步骤 02 操作完成后即可看到设置对齐方式后的效果。

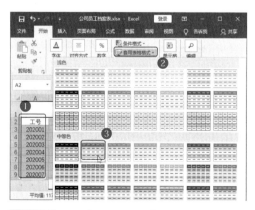

2. 套用表格格式美化工作表

使用 Excel 2019 的"套用表格格式"功能，可以快速美化工作表。

步骤 01 ❶ 选中 A2:G16 单元格区域；❷ 单击"开始"选项卡"样式"组中的"套用表格格式"下拉按钮；❸ 在弹出的下拉菜单中选择一种表格样式。

步骤 03 ❶ 单击"表格工具 / 设计"选项卡"工具"组中的"转换为区域"按钮；❷ 在弹出的提示对话框中单击"是"按钮。

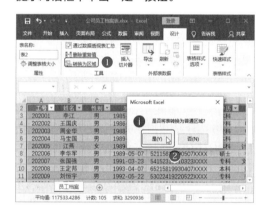

步骤 04 操作完成后即可看到为工作表套用表格格式后的效果。

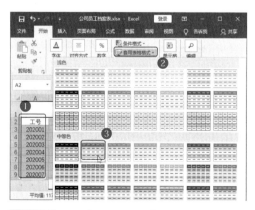

3. 为工作表设置边框与底纹

除了可以套用表格样式，也可以根据需要自定义表格的边框和底纹。

步骤 01 ❶ 选中 A1 单元格，在"开始"选项卡的"字体"组中设置字体样式，然后右击该单元格；② 在弹出的快捷菜单中选择"设置单元格格式"命令。

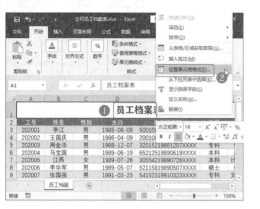

步骤 02 打开"设置单元格格式"对话框，① 分别设置单元格的"样式"和"颜色"；② 在"预置"选项组中选择"外边框"选项。

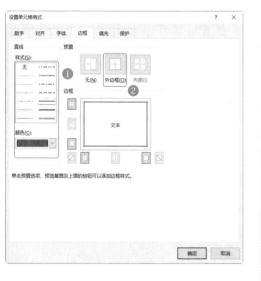

步骤 03 ① 单击"填充"选项卡；② 在"背景色"选项组中选择一种填充颜色；③ 单击"确定"按钮。

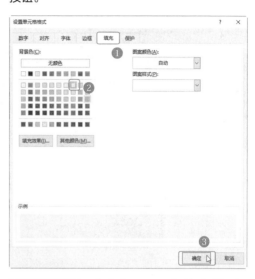

步骤 04 返回工作表中，即可看到标题栏已经应用了自定义的边框和底纹。

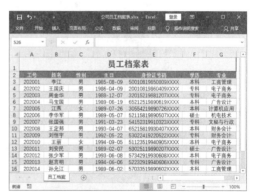

 读书笔记

6.2 制作员工考评成绩表

案例说明

　　为了考察员工在各自岗位上各方面的能力，企业每个阶段都会制作员工考评成绩表。员工考评成绩表除了记录员工的各项成绩外，还需要利用公式计算员工考评成绩的总分、平均分。为了一目了然地对比不同员工的考评成绩差异，还需要对员工考评成绩进行筛选、格式化显示等。本案例制作完成后的效果如下图所示（结果文件参见：结果文件\第6章\2021员工考评成绩表.xlsx）。

姓名	销售业绩	表达能力	写作能力	应急处理能力	专业知识熟悉程度	总分	平均分	排名	是否合格
李江	89	77	88	84	88	426	85	2	是
王国庆	76	59	78	96	95	404	81	9	是
周金华	63	64	85	87	64	363	73	15	是
马宝国	95	89	94	88	58	424	85	4	是
江燕	85	57	56	58	64	320	64	21	否
李华军	49	62	84	57	62	314	63	22	否
张国强	58	89	82	54	98	381	76	14	是
王定邦	76	90	76	52	59	353	71	16	是
刘恒宇	92	78	72	89	91	422	84	5	是
王丽	84	86	84	84	87	425	85	3	是
刘安民	79	88	86	87	82	422	84	5	是
张少军	69	84	71	82	84	390	78	10	是
赵言明	68	87	76	81	76	388	78	12	是
孙允江	88	75	79	76	71	389	78	11	是
朱天明	96	92	89	84	78	439	88	1	是
王小帅	77	87	92	76	83	415	83	7	是
柯一北	59	86	78	91	91	405	81	8	是
谢小燕	63	66	89	85	85	388	78	12	是
黄忠琴	67	61	76	65	74	343	69	18	否
杨志勇	89	52	78	64	62	345	69	17	否
马一鸣	88	49	55	76	66	334	67	20	否
秦华荣	62	89	65	74	52	342	68	19	否

思路分析

　　在制作员工考评成绩表时，首先需要获取员工各项考核指标的具体分数，然后将分数录入表格中，再使用不同的函数对分数进行计算，然后设置按条件格式显示，让公司其他领导更加方便地查看员工的考评成绩。本案例的具体制作思路如下图所示。

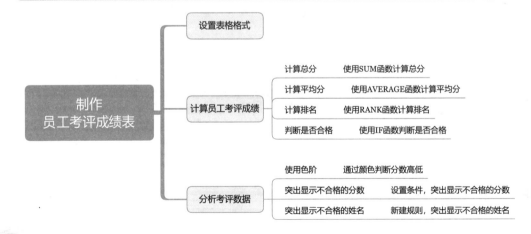

制作员工考评成绩表
- 设置表格格式
- 计算员工考评成绩
  - 计算总分 —— 使用SUM函数计算总分
  - 计算平均分 —— 使用AVERAGE函数计算平均分
  - 计算排名 —— 使用RANK函数计算排名
  - 判断是否合格 —— 使用IF函数判断是否合格
- 分析考评数据
  - 使用色阶 —— 通过颜色判断分数高低
  - 突出显示不合格的分数 —— 设置条件，突出显示不合格的分数
  - 突出显示不合格的姓名 —— 新建规则，突出显示不合格的姓名

具体操作步骤及方法如下。

6.2.1　设置表格格式

创建员工考评成绩表，首先要为录入了基本数据的工作表设置表格格式，以方便后期数据的计算与分析。

扫一扫，看视频

步骤 01 打开"素材文件 \ 第 6 章 \2021 员工考评成绩表 .xlsx"工作簿，① 选中 A1 单元格；② 单击"开始"选项卡"样式"组中的"单元格样式"下拉按钮；③ 在弹出的下拉菜单中选择一种标题样式。

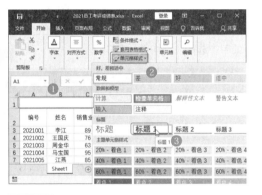

步骤 02 ① 选中 A2:K24 单元格区域；② 单击"开始"选项卡"样式"组中的"套用表格格式"下拉按钮；③ 在弹出的下拉菜单中选择一种表格样式。

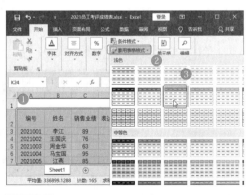

步骤 03 弹出"套用表格式"对话框，单击"确定"按钮。

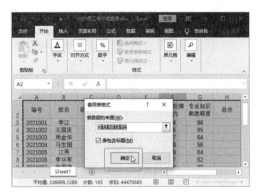

步骤 04 操作完成后，表格套用了样式中的字体、颜色，并且在第一行数据单元格中添加了一个筛选按钮。单击"数据"选项卡"排序和筛选"组中的"筛选"按钮，取消筛选状态。

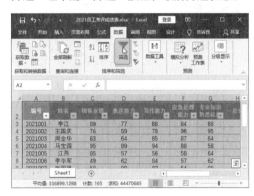

6.2.2　计算员工考评成绩

扫一扫，看视频

表格的基本数据录入完成后，涉及计算的数据内容可以通过 Excel 的公式功能自动计算，只需要知道常用公式的使用方法即可完成数据计算。

1. 计算总分

计算总分用到的是求和公式，这是 Excel 的常用公式之一。求和函数的语法格式是：SUM(number1,number2,...)，如果将逗号（，）换成冒号（：），表示计算从 A 单元格到 B 单元格的数据之和。

步骤 01 ① 选中"总分"列下方的第一个单元格；② 单击"公式"选项卡"函数库"组中的"自动求和"按钮。

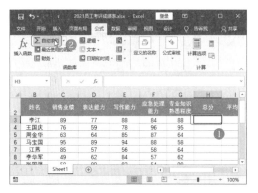

步骤 02 执行求和命令后，会自动使用虚线框选择左侧的数据，如果确定数据正确，按 Enter 键即可。

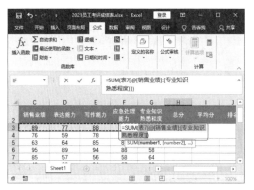

步骤 03 由于事先套用了系统预设的格式，所以使用求和命令后，"总分"列剩下的单元格也会自动计算求和，效果如下图所示。

	A	B	C	D	E	F	G	H
1							应急处理 能力	专业知识 熟悉程度
2	编号	姓名	销售业绩	表达能力	写作能力			总分
3	2021001	李江	89	77	88		84	88	426
4	2021002	王国庆	76	59	78		96	95	404
5	2021003	周金华	63	64	85		87	64	363
6	2021004	马国强	95	89	94		88	58	424
7	2021005	江燕	85	57	56		58	64	320
8	2021006	李华军	49	62	84		57	62	314
9	2021007	张国强	58	89	82		54	98	381
10	2021008	王定邦	76	90	76		52	59	353
11	2021009	刘恒宇	92	78	72		89	91	422
12	2021010	王丽	84	86	84		84	87	425
13	2021011	刘安民	79	88	86		87	82	422
14	2021012	张少军	69	84	71		82	84	390
15	2021013	赵言明	68	82	76		81	81	388
16	2021014	孙允江	88	75	79		76	71	389
17	2021015	朱天明	96	92	89		84	78	439
18	2021016	王小帅	77	87	92		76	83	415
19	2021017	柯一北	59	86	78		91	91	405
20	2021018	谢小燕	63	66	66		85	85	388
21	2021019	黄忠琴	67	61	76		65	74	343
22	2021020	杨志勇	89	52	78		32	84	345
23	2021021	马一鸣	88	49	55		76	66	334
24	2021022	秦华荣	62	89	65		74	52	342

🔔 **小提示**

在使用 Excel 的函数公式之前，首先应该明白

单元格的命名定位方法。在 Excel 中，每一个单元格都有独一无二的编号，其编号由横向的字母加纵向的数字组成，如 "B5" 表示 B 列第 5 行的单元格。因此，在进行函数计算时，只要通过单元格编号说明需要计算数据的单元格范围即可。如 "SUM(B5:M3)" 表示计算 B5 单元格到 M3 单元格中所有的数据之和。"SUM(B5,M3)" 则表示计算 B5 单元格和 M3 单元格的数据之和。

2. 计算平均分

平均值计算公式的语法格式是：AVERAGE(Number1,Number2, ...)。只需要选择平均值公式，确定数据范围即可。

步骤 01 ❶ 选择"平均分"列下方的第一个单元格；❷ 单击"公式"选项卡"函数库"组中的"自动求和"下拉按钮；❸ 在弹出的下拉菜单中选择"平均值"命令。

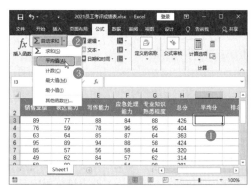

步骤 02 执行该命令后，会自动使用虚线框选择左侧的数据，包括总分列的数据，所以此处需要重新选择数据。选择 C3:G3 单元格区域（即 [销售业绩]:[专业知识熟悉程度]）。

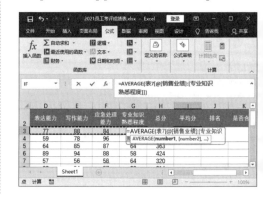

步骤 03 按 Enter 键即可完成平均分的计算。单击"开始"选项卡"数字"组中的"减少小数位数"按钮。

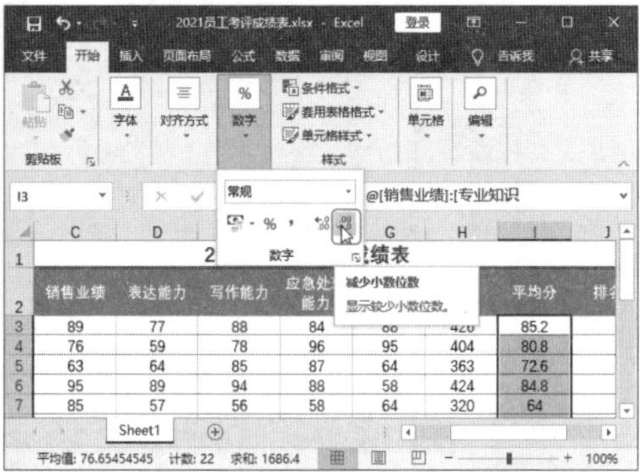

步骤 04 操作完成后即可看到平均分的计算结果。

3. 计算成绩排名

在员工考评成绩表中，可以统计不同员工的成绩排名，需要用到的是 RANK 函数。该函数的语法格式是：RANK (number, ref,order)，其中 number 参数表示需要找到排位的数据；ref 参数为数据列表数组或对数字列表的引用；order 参数为一数字，指明排位的方式，为 0 或者省略代表降序排列，不为 0 则代表升序排列。

本案例中，员工是按照总分的大小排名的，因此 RANK 函数中会涉及总分单元格的定位。

步骤 01 将输入法切换到英文输入状态下，在"排名"列下方的第一个单元格中输入公式

"=RANK(H3,H$3:H$24)"，该公式表示，计算 H3 单元格的数据在 H3 到 H24 单元格区域的数据中的排名。

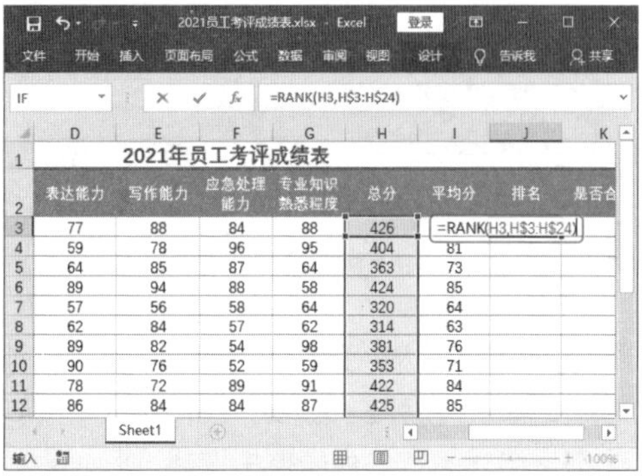

步骤 02 按 Enter 键完成公式计算，该列单元格后面的排名也被自动计算，效果如下图所示。

4. 判断员工成绩是否合格

员工考评成绩表中常常会附上一列，用于显示该员工成绩是否合格，需用到的函数是 IF 函数。该函数的语法格式是：IF(logical_test,value_if_true,value_if_false)。其作用是判断数据的逻辑真假。本案例中，如果逻辑是真的，就返回文字"合格"，如果逻辑是假的，就返回文字"不合格"，以此判断员工成绩的合格与否。

步骤 01 ❶ 选中"是否合格"列下方的第一个单元格；❷ 单击"公式"选项卡"函数库"组中的"自动求和"下拉按钮；❸ 在弹出的下拉菜单中选择"其他函数"命令。

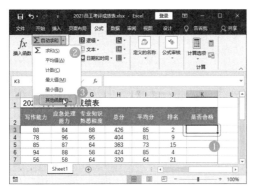

步骤 02 打开"插入函数"对话框，❶ 在"或选择类别"下拉列表中选择"常用函数"类别；❷ 在"选择函数"列表框中选择"IF"函数；❸ 单击"确定"按钮。

步骤 03 打开"函数参数"对话框，❶ 在 Logical_test 文件框中输入"h3>=350"，表示 h3 单元格中的总分数如果大于等于 350 分则逻辑为真，否则逻辑为假，并且输入逻辑真或假返回的文字；❷ 单击"确定"按钮。

步骤 04 完成设置函数参数后，就完成了表格中的成绩是否合格的判断，效果如下图所示。

6.2.3 使用条件格式突出显示数据

Excel 2019 具备条件格式功能。条件格式是指当指定条件为真时，Excel 自动应用于单元格的格式，例如应用单元格底纹或字体颜色，

扫一扫，看视频

如果想为某些符合条件的单元格应用某种特殊格式，使用条件格式功能可以比较容易地实现。

1. 使用色阶显示总分

条件格式中有色阶功能，其原理是应用颜色的深浅来显示数据的大小。颜色越深表示数据越大，颜色越浅表示数据越小，这样做的好处是让数据更直观。

步骤 01 ❶ 选中"总分"列；❷ 单击"开始"选项卡"样式"组中的"条件格式"下拉按钮；❸ 在弹出的下拉菜单中选择"色阶"命令；❹ 在弹出的子菜单中选择一种色阶颜色。

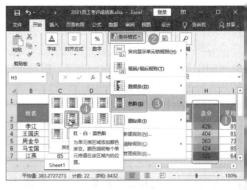

步骤 02 操作完成后即可为"总分"列应用色

阶条件格式。在查看数据时，不用细看总分数据的大小，从颜色深浅就可以快速对比不同员工考评总分的高低。

	B	C	D	E	F	G	H	I
1				2021年员工考评成绩表				
2	姓名	销售业绩	表达能力	写作能力	应急处理能力	专业知识熟悉程度	总分	平均分
3	李江	89	77	88	84	88	426	85
4	王国庆	76	59	78	96	95	404	81
5	周金华	63	64	85	87	64	363	73
6	马宝国	95	89	94	88	58	424	85
7	江燕	85	57	56	58	64	320	64
8	李华军	49	62	84	57	62	314	63
9	张国强	58	89	82	54	98	381	76
10	王定邦	76	90	76	52	59	353	71
11	刘恒宇	92	78	72	89	91	422	84
12	王丽	84	86	84	84	87	422	84
13	刘安民	79	88	86	87	82	422	84
14	张少军	69	84	71	82	84	390	78
15	赵言明	68	87	76	81	76	388	78
16	孙允江	88	75	79	76	71	389	78
17	朱天明	96	92	89	84	78	439	88
18	王小帅	77	87	92	76	83	415	83
19	柯一北	59	86	78	91	91	405	81
20	谢小燕	63	66	89	85	85	388	78
21	黄忠琴	67	61	76	65	74	343	69
22	杨志勇	89	52	78	64	62	345	69
23	马一鸣	88	49	55	76	66	334	67
24	秦华荣	62	89	65	74	52	342	68

2. 突出显示不及格的分数

　　如果想要突出显示考评不及格的分数，也可以通过条件格式简单地实现。在条件格式中，可以通过单元格的数据大小，突出显示大于某个数的单元格或小于某个数的单元格。

步骤 01 ❶选中表格中"销售业绩"到"专业知识熟悉程度"之间所有列的数据；❷单击"开始"选项卡"样式"组中的"条件格式"下拉按钮；❸在弹出的下拉菜单中选择"突出显示单元格规则"命令；❹在弹出的子菜单中选择"小于"命令。

步骤 02 打开"小于"对话框，❶在文本框中输入"60"，表示突出显示小于 60 分的单元格，在右侧设置突出显示的单元格样式；❷单击"确定"按钮。

步骤 03 操作完成后即可看到目标区域中小于60 分的单元格已经按要求突出显示。

	B	C	D	E	F	G	H	I
1				2021年员工考评成绩表				
2	姓名	销售业绩	表达能力	写作能力	应急处理能力	专业知识熟悉程度	总分	平均分
3	李江	89	77	88	84	88	426	85
4	王国庆	76	59	78	96	95	404	81
5	周金华	63	64	85	87	64	363	73
6	马宝国	95	89	94	88	58	424	85
7	江燕	85	57	56	58	64	320	64
8	李华军	49	62	84	57	62	314	63
9	张国强	58	89	82	54	98	381	76
10	王定邦	76	90	76	52	59	353	71
11	刘恒宇	92	78	72	89	91	422	84
12	王丽	84	86	84	84	87	425	85
13	刘安民	79	84	71	82	84	390	78
14	张少军	69	84	71	82	84	390	78
15	赵言明	68	87	76	81	76	388	78
16	孙允江	88	75	79	76	71	389	78
17	朱天明	96	92	89	84	78	439	88
18	王小帅	77	87	92	76	83	415	83
19	柯一北	59	86	78	91	91	405	81
20	谢小燕	63	66	89	85	85	388	78
21	黄忠琴	67	61	76	65	74	343	69
22	杨志勇	89	52	78	64	62	345	69
23	马一鸣	88	49	55	76	66	334	67
24	秦华荣	62	89	65	74	52	342	68

3. 突出显示不合格员工的姓名

　　条件格式可以结合公式实现更多的设置效果，方法是通过新建格式规则公式完成规则的建立。

步骤 01 ❶选中员工的"姓名"列单元格区域；❷单击"开始"选项卡"样式"组中的"条件格式"下拉按钮；❸在弹出的下拉菜单中选择"新建规则"命令。

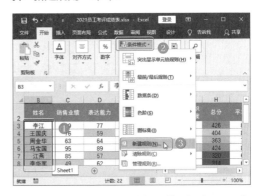

步骤 02 打开"新建格式规则"对话框，❶在"选择规则类型"列表框中选择"使用公式确定要设置格式的单元格"选项；❷在"为符合

此公式的值设置格式"文本框中输入格式规则（=K3="否"），该规则表示如果 K3 单元格中的数值是"否"，该员工的姓名要突出显示；❸单击"格式"按钮。

为"深红"；❷ 单击"确定"按钮。

🔔 **小提示**

公式中的引号为英文状态下的半角引号，如果使用了全角引号，则不能正确计算。

步骤 03 打开"设置单元格格式"对话框,在"字体"选项卡的"颜色"下拉列表中设置文字颜色为"白色"。

步骤 04 ❶ 在"填充"选项卡中设置"背景色"

步骤 05 返回"新建格式规则"对话框,在"预览"框中可以看到设置的单元格格式的效果,如果确定无误，单击"确定"按钮。

步骤 06 完成条件格式设置后，效果如下图所示，不合格的员工姓名已经按设置的格式显示。

6.3 制作并打印员工工资表

案例说明

　　员工工资表是按单位、部门、员工工龄等考核指标制作的表格，每个月制作一张。通常情况下，员工工资表制作完成后，需要打印出来发放到员工手里。但是员工之间的工资信息是保密的，所以需要将工资表制作成工资条的形式，打印后进行裁剪发放。本案例制作完成后的效果如下图所示（结果文件参见：结果文件\第6章\员工工资表.xlsx）。

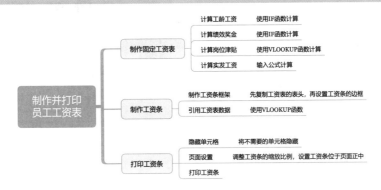

思路分析

　　在员工工资表中，涉及工龄工资、绩效奖金等类型的数据都是可以通过公式进行计算的。财务人员在制作员工工资表时，可以利用函数计算，既方便又避免出错，但是财务人员需要根据不同的计算数据使用不同的公式。在计算完成后，财务人员应将工资表制作成工资条方便打印。本案例的具体制作思路如下图所示。

	制作固定工资表	计算工龄工资　使用IF函数计算
		计算绩效奖金　使用IF函数计算
		计算岗位津贴　使用VLOOKUP函数计算
		计算实发工资　输入公式计算
制作并打印员工工资表	制作工资条	制作工资条框架　先复制工资表的表头，再设置工资条的边框
		引用工资表数据　使用VLOOKUP函数
	打印工资条	隐藏单元格　将不需要的单元格隐藏
		页面设置　调整工资条的缩放比例，设置工资条位于页面正中
		打印工资条

具体操作步骤及方法如下。

6.3.1 制作固定工资表

扫一扫，看视频

员工的工资中除了包括固定的基本工资和固定的扣款部分外，还有一部分是根据特定的情况计算得出的。本案例将计算员工的绩效奖金、岗位津贴、工龄工资等。下面分别计算员工的各项工资，并计算出实发工资。

1. 计算工龄工资

在不同的企业中，工龄工资的计算方式各有不同。这里假设工龄工资的计算方式为：工龄 5 年以内工龄工资每年增加 100 元，工龄 5 年以上工龄工资每年增加 200 元。计算工龄工资的具体操作方法如下。

步骤 01 打开"素材文件 \ 第 6 章 \ 员工工资表.xlsx"，❶将光标定位到 H2 单元格；❷单击"公式"选项卡"函数库"组中的"插入函数"按钮。

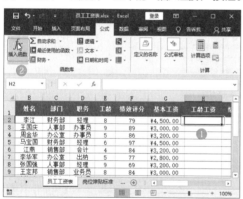

步骤 02 打开"插入函数"对话框，❶在"选择函数"列表框中选择"IF"函数；❷单击"确定"按钮。

步骤 03 打开"函数参数"对话框，❶设置 Logical_test 参数为"E2<5"，Value_if_true 参数为"E2*100"，Value_if_false 参数为"E2*200"；❷单击"确定"按钮。

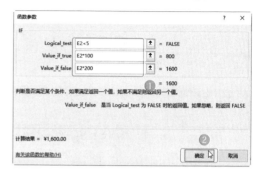

步骤 04 返回工作表即可查看公式的计算结果，拖动填充柄到下方的单元格中填充。

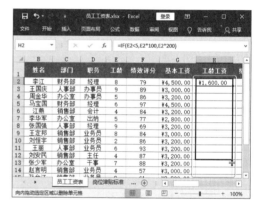

步骤 05 操作完成后即可完成工龄工资的计算结果。

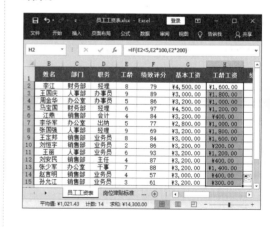

2. 计算绩效奖金

员工的绩效奖金通常根据该月的绩效考核成绩或业务量等计算得出。本案例中的绩效奖金与绩效评分相关，计算方式为：绩效评分 60 分以下者无绩效奖金，60~80 分者绩效奖金以每分 10 元计算，80 分以上者绩效奖金以每分 20 元计算，具体计算方法如下。

步骤 01 ❶ 将光标定位到 I2 单元格；❷ 单击编辑栏的"插入函数"按钮 fx。

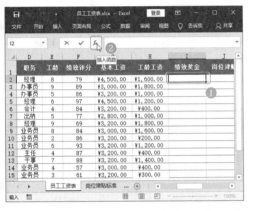

步骤 02 按照计算工龄工资中所学的方法打开 IF 函数的参数对话框，❶ 设置 Logical_test 参数为"F2<60"，Value_if_true 参数为"0"，Value_if_false 参数为"IF(F2<80,F2*10,F2*20)"；❷ 单击"确定"按钮。

步骤 03 返回工作表中即可查看 I2 单元格的计算结果。将鼠标移动到该单元格的右下角，当鼠标指针变为"十"字形状时双击。

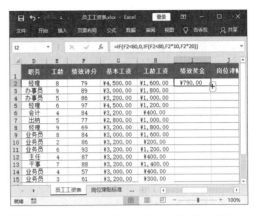

步骤 04 I2 单元格的公式将自动填充到下方的单元格，得到绩效奖金的计算结果。

3. 计算岗位津贴

企业中各员工所在的岗位不同，其工资会有一定的差别，所以企业大多为不同的工作岗位设置不同的岗位津贴。为了更方便地计算各员工的岗位津贴，可以新建一个工作表列举出各个职务的岗位津贴标准，然后利用查询函数，以各条数据中的职务为查询条件，从岗位津贴表中查询相应的数据，具体操作方法如下。

步骤 01 ❶ 切换到"岗位津贴标准"工作表；❷ 复制"员工工资表"工作表中的"职务"列和"岗位津贴"的表头单元格，选中"职务"列；❸ 单击"数据"选项卡"数据工具"组中的"删除重复值"按钮。

步骤 02 打开"删除重复值"对话框，单击"确定"按钮。

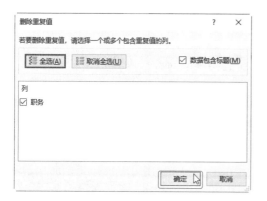

步骤 03 弹出提示对话框，提示已经删除了重复值，单击"确定"按钮。

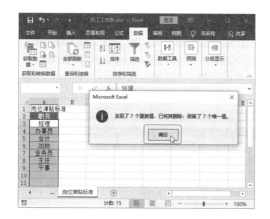

步骤 04 在"岗位津贴标准"工作表中录入相应的数据。

步骤 05 ❶ 将光标定位到"员工工资表"工作表中的 J2 单元格；❷ 单击编辑栏的"插入函数"按钮 *fx* 。

步骤 06 打开"插入函数"对话框，❶ 在"或选择类别"下拉列表中选择"查找与引用"类别；❷ 在"选择函数"列表中选择 VLOOKUP 函数；❸ 单击"确定"按钮。

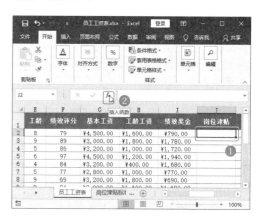

步骤 07 在"函数参数"对话框中，❶设置 Lookup_value 为 D2，Table_array 为"岗位津贴标准"工作表中的 A3:B9 单元格区域，并将该单元格区域转换为绝对引用（如下图所示），Col_index_num 为 2，Range_lookup 为 FALSE；❷单击"确定"按钮。

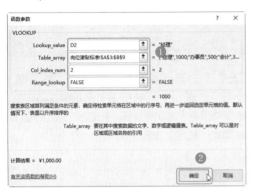

小技巧

如果要查看每一项参数代表的含义，将鼠标定位到文本框中，即可在下方查看该参数的含义。

步骤 08 返回工作表即可查看公式的计算结果，填充公式到下方的单元格中即可。

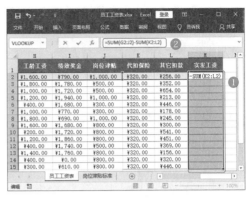

步骤 02 按 Ctrl+Enter 组合键即可为所选单元格区域填充公式，完成实发工资的计算。

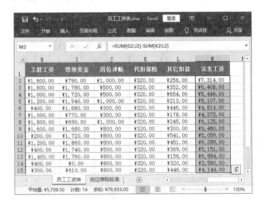

6.3.2 制作工资条

扫一扫，看视频

在发放工资时，通常需要同时发放工资条，使员工能够清楚地看到自己各部分工资的金额。本案例使用前文已完成的工资表，快速制作工资条。

1. 制作工资条的框架

工资条的表头与工资表基本相同，此时可以通过复制的方法创建工资条的表头。在制作工资条之前，首先需要创建一个名为"工资条"的新工作表，然后进行以下操作。

步骤 01 新建一个工作表并命名为"工资条"。❶在"员工工资表"工作表中单击第1行的行号，选中第1行；❷单击"开始"选项卡"剪贴板"组中的"复制"按钮。

4. 计算实发工资

工资的各部分计算完成后，就可以通过公式计算出员工的实发工资了，具体操作方法如下。

步骤 01 ❶选择 M2:M15 单元格区域；❷在编辑栏中输入公式"=SUM(G2:J2)–SUM(K2:L2)"。

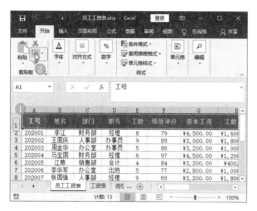

步骤 02 ❶ 在"工资条"工作表中选中 A1 单元格；❷ 单击"开始"选项卡"剪贴板"组中的"粘贴"按钮。

步骤 03 拖动第 1 行和第 2 行之间的分隔线，调整第 1 行的行高，使其与其他行的行高相等。

步骤 04 ❶ 选中 A2:M2 单元格区域；❷ 单击"开始"选项卡"字体"组中的"对话框启动器"按钮 □。

步骤 05 打开"设置单元格格式"对话框，❶ 在"边框"选项卡中选择线条的样式和颜色；❷ 在"预置"选项组选择"外边框"和"内部"；❸ 单击"确定"按钮。

2. 使用公式引用工资表的数据

工资条的框架制作完成后，就可以使用公式引用工资表中的数据制作工资条。

步骤 01 ❶ 将光标定位到"工资条"工作表的 A2 单元格中；❷ 单击编辑栏的"插入函数"按钮。

步骤 02 打开"插入函数"对话框，❶ 在"或选择类别"下拉列表中选择"查找与引用"类别；❷ 在"选择函数"列表框中选择 OFFSET 函数；❸ 单击"确定"按钮。

步骤 03 在"函数参数"对话框中，❶ 设置 Reference 参数为"员工工资表"工作表中的 A1 单元格，并将单元格引用地址转换为绝对引用（如下图所示），Rows 参数为"ROW()/3+1"（当前行数除以 3 后再加1），Cols 参数为"COLUMN()-1"（当前列数减 1）；❷ 单击"确定"按钮。

步骤 04 返回工作表即可查看公式的计算结果，填充该公式到右侧的单元格中。

步骤 05 选中 A1:M3 单元格区域，拖动活动单元格区域右下角的填充柄，向下填充，直到填充数据为 0。

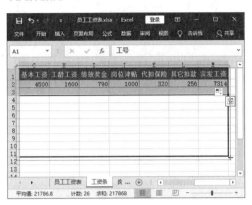

步骤 06 操作完成后即可看到所有员工的工资条。

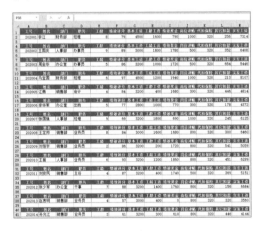

6.3.3 打印工资条

扫一扫，看视频

工资条制作完成后，就可以开始打印工资条。工资条中有些数据并不需要打印出来，此时可以将不需要的数据隐藏。

1. 隐藏单元格

在打印工资条时，有些数据并不需要显示，如部门、职务、工龄等，可以将其隐藏后再进行打印。

步骤 01 ❶ 选中 C 列至 F 列，右击；❷ 在弹出的快捷菜单中选择"隐藏"命令。

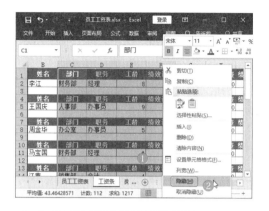

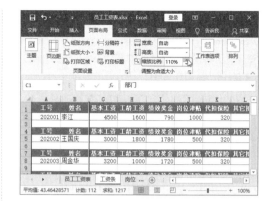

🔔 小技巧

选中要隐藏的列之后，单击"开始"选项卡"单元格"组中的"格式"下拉按钮，在弹出的下拉菜单中选择"隐藏"或"取消隐藏"命令，在弹出的子菜单中选择"隐藏列"命令也可以隐藏所选列。

步骤 02 操作完成后，所选列将被隐藏。

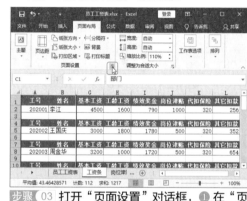

🔔 小技巧

如果要显示被隐藏的列，可以选中被隐藏列相邻的两列，例如本案例中的 B 列到 G 列，然后右击，在弹出的快捷菜单中选择"取消隐藏"命令即可。

2. 调整工资条的页面设置

在打印工资条之前，还需要对工资条的页面进行设置。

步骤 01 在"页面布局"选项卡的"调整为合适大小"组中设置"缩放比例"为"110%"。

步骤 02 单击"页面布局"选项卡"页面设置"组中的"对话框启动器"按钮 ⌐。

步骤 03 打开"页面设置"对话框，❶ 在"页边距"选项卡中勾选"居中方式"选项组中的"水平"和"垂直"复选框；❷ 单击"确定"按钮。

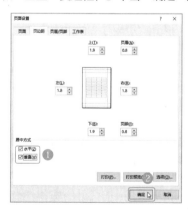

3. 打印工资条

页面设置完成后，就可以打印工资条了。打印完成后再对工资条进行裁剪，然后分发到员工手中。

单击"文件"选项卡，❶ 切换到"打印"选项；❷ 在右侧的窗格中设置打印参数；❸ 单击"打印"按钮。

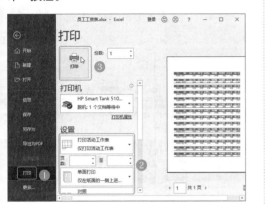

本章小结

本章通过三个综合案例，系统地讲解了 Excel 2019 工作表的创建、数据的录入与编辑、表格格式的美化、数据的计算方法，以及条件格式的应用、工作表打印等知识。在学习本章内容时，读者首先要熟练掌握表格数据的录入技巧与编辑技巧，其次要掌握数据计算中常用函数的应用与自定义公式的应用。

✎读书笔记

第7章

使用 Excel 排序、筛选与汇总数据

本章导读

在查看和分析表格数据时，常常需要对表格中的数据进行分类，或按一定顺序排列，或列举出符合条件的数据，利用 Excel 可以轻松完成这些操作。本章将介绍应用 Excel 对表格中的数据进行排序、筛选以及分类汇总等操作。

知识技能

本章相关案例及知识技能如下图所示。

知识技能	排序销售奖励结算表	对销售奖励结算表进行简单排序
		对销售奖励结算表进行自定义排序
	筛选销售业绩表	自动筛选
		自定义筛选
		高级筛选
	汇总电器销售情况表	按部门业绩汇总
		按销售日期嵌套汇总数据
		合并计算多个表格的销售业绩

7.1 排序销售奖励结算表

案例说明

　　不同的公司有不同的奖励机制，每隔一定的时间，财务部就需要对公司发放的奖励进行统计。销售奖励结算表应该包括领取奖金的员工姓名、奖励类型等相关信息。销售奖励结算表制作完成后，需要根据需求进行排序，方便领导查看。本案例制作完成后的效果如下图所示（结果文件参见：结果文件 \ 第 7 章 \ 销售奖励结算表 .xlsx）。

	B	C	D	E	F	G	H	I
1	姓名	部门	比例	销售奖励	客户关系维护奖励	工作效率奖励	应发奖励（比例*奖励）	领奖金日期
2	李江	A区	0.9	¥3,690	¥854	¥800	¥4,810	2021/8/14
3	刘安民	A区	0.8	¥4,200	¥226	¥600	¥4,021	2021/8/14
4	江燕	A区	1	¥5,230	¥586	¥400	¥6,216	2021/8/14
5	王定邦	A区	1	¥5,630	¥365	¥600	¥6,595	2021/8/14
6	王国庆	B区	0.7	¥2,560	¥685	¥600	¥2,692	2021/8/14
7	马宝国	B区	0.9	¥2,599	¥256	¥800	¥3,290	2021/8/14
8	赵言明	B区	0.9	¥3,690	¥256	¥600	¥4,091	2021/8/14
9	孙允江	B区	0.9	¥4,487	¥893	¥500	¥5,292	2021/8/14
10	王丽	B区	0.9	¥4,560	¥589	¥500	¥5,084	2021/8/14
11	张少军	C区	0.7	¥2,533	¥365	¥700	¥2,519	2021/8/14
12	周金华	C区	0.8	¥2,689	¥547	¥300	¥2,829	2021/8/14
13	李华军	C区	0.8	¥2,963	¥658	¥600	¥3,377	2021/8/14
14	张国强	C区	0.9	¥3,500	¥259	¥500	¥3,833	2021/8/14
15	刘恒宇	C区	0.8	¥3,600	¥452	¥700	¥3,802	2021/8/14

思路分析

　　销售奖励结算表的排序需要根据实际需求进行。如按照某类奖励金额的大小进行排序，这时需要用到简单的排序操作。如果排序操作比较复杂，如先要按照奖励的类型进行排序，再按照不同类型奖励金额的大小进行排序，就需要用到 Excel 的自定义排序功能。本案例的具体制作思路如下图所示。

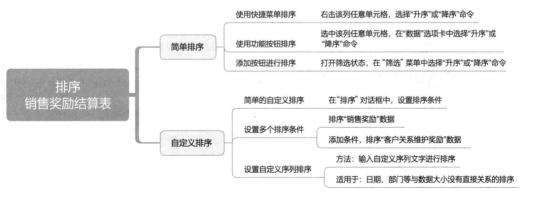

具体操作步骤及方法如下。

7.1.1 简单排序

扫一扫，看视频

Excel 中最基本的数据分析就是对数据进行排序，可以使用"升序"或"降序"功能，也可以为数据添加排序按钮。

1. 使用快捷菜单进行升序或降序排列

当需要对 Excel 工作表中的某列数据进行简单排序时，可以利用快捷菜单中的"升序"和"降序"命令。例如，要使"比例"列中的数据降序排列，操作方法如下。

步骤 01 打开"素材文件\第 7 章\销售奖励结算表 .xlsx"工作簿，❶ 在"比例"列中右击任意单元格；❷ 在弹出的快捷菜单中选择"排序"命令；❸ 在弹出的子菜单中选择"降序"命令。

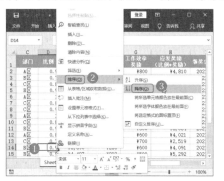

步骤 02 此时"比例"列的数据就变为降序排序。如果需要对这列数据或其他列数据进行升序排序，选择"升序"命令即可。

2. 使用功能按钮进行排序

在"数据"选项卡中，使用排序按钮可以

快速地对数据进行排序。

步骤 01 ❶ 选中需要排序的数据列中的任意单元格；❷ 单击"数据"选项卡"排序和筛选"组中的"升序"按钮↓。

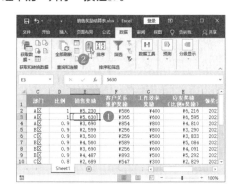

步骤 02 操作完成后即可对该列进行升序排序。

3. 添加按钮进行排序

如果需要对 Excel 工作表中的数据多次进行排序，为了方便操作可以添加按钮，通过按钮菜单来快速操作。

步骤 01 ❶ 选中任意数据单元格；❷ 单击"数据"选项卡"排序和筛选"组中的"筛选"按钮。

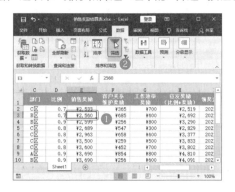

步骤 02 此时可以看到表格的第 1 行出现下拉按钮 ▼，❶ 单击"客户关系维护奖励"单元格的下拉按钮 ▼；❷ 在弹出的下拉菜单中选择"降序"命令。

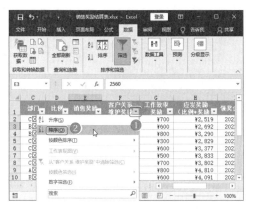

步骤 03 操作完成后即可看到该列的数据已经按降序排列。

7.1.2 自定义排序

　　Excel 工作表的数据排序除了简单的升序、降序排序外，还涉及更为复杂的排序，此时，需要用到 Excel 的自定义排序功能。

扫一扫，看视频

1. 简单的自定义排序

　　简单的自定义排序只需要打开"排序"对话框，设置其中的排序条件即可。

步骤 01 ❶ 选中任意数据单元格；❷ 单击"数据"选项卡"排序和筛选"组中的"排序"按钮。

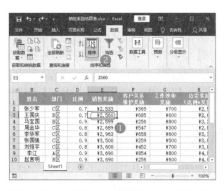

步骤 02 打开"排序"对话框，❶ 设置"主要关键字"的排序条件；❷ 单击"确定"按钮。

步骤 03 操作完成后即可看到该列的数据已经按要求排序。

小提示

　　在"排序"对话框中，设置"主要关键字"，即选择数据列的名称，如要对"销售奖励"数据列排序就选择这一列。"排序依据"中除了选择以数据大小（数值）为依据，还可以选择以"单元格颜色""字体颜色""单元格图标"为依据进行排序。

2. 设置多个排序条件

　　自定义排序可以设置多个排序条件进行排序，只需要在"排序"对话框中添加排序条件即可。例如，需要对销售奖励结算表按照"销售奖励"金额的大小进行排序，当"销售奖励"相同时，再按照"客户关系维护奖励"金额的大小进行排序。

步骤 01 在工作表中更改"销售奖励"列和"客户关系维护奖励"列中的部分数据。

步骤 02 打开"排序"对话框，❶设置"主要关键字"的排序条件；❷单击"添加条件"按钮。

步骤 03 ❶设置"次要关键字"的排序条件；❷单击"确定"按钮。

步骤 04 操作完成后，表格中的数据便按照"销售奖励"数据列的值进行升序排序，"销售奖励"数据列的值相同的情况下，便按照"客户关系维护奖励"列的数值大小进行升序排序。

3. 自定义序列的排序

如果排序不是按照数据的大小，而是按照月份、部门这种与数据没有直接关系的序列排序，可以重新自定义序列进行排序。

步骤 01 ❶选中任意数据单元格；❷单击"开始"选项卡"编辑"组中的"排序和筛选"下拉按钮；❸在弹出的下拉菜单中选择"自定义排序"命令。

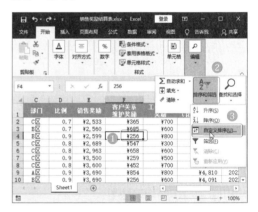

步骤 02 打开"排序"对话框，在"次序"下拉列表中，选择"自定义序列"选项。

步骤 03 在打开的"自定义序列"对话框中，

❶ 在"输入序列"文本框中输入自定义的序列;❷ 单击"添加"按钮;❸ 此时新序列就被添加到"自定义序列"列表框中;❹ 单击"确定"按钮。

序列,单击"确定"按钮。

步骤 05 返回工作表中,可以看到"部门"列的数据已经按照自定义序列排序。

小提示

在"输入序列"文本框中输入自定义序列时,可以使用英文的逗号隔开,也可以使用回车符隔开。

步骤 04 返回"排序"对话框,即可看到"次序"下拉列表中已经自动选择了创建的自定义

读书笔记

7.2 筛选销售业绩表

 案例说明

销售业绩表是公司某个阶段对员工销售业绩的统计，表中包含各阶段的销售记录和销售总量。通常情况下，公司的销售业绩数据众多，面对这些数据，必须通过筛选才能快速找出所需要的销售信息。本案例制作完成后的效果如下图所示（结果文件参见：结果文件 \ 第 7 章 \ 销售业绩表 .xlsx）。

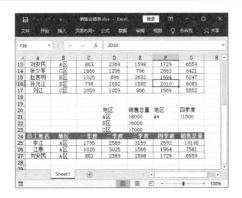

思路分析

面对销售业绩表中的众多数据，根据需求进行筛选可以快速找到需要的数据，此时要掌握 Excel 的筛选功能。如果只是进行简单的筛选，如筛选出大于某个数或小于某个数的数据，使用 Excel 的简单筛选功能即可。如果要筛选符合某条件的数据，就需要用到 Excel 的自定义筛选或高级筛选功能。本案例的具体制作思路如下图所示。

具体操作步骤及方法如下。

7.2.1 自动筛选

扫一扫，看视频

自动筛选是 Excel 的一个易于操作且经常使用的实用技巧。自动筛选通常是按简单的条件进行筛选，筛选时将不满足条件的数据暂时隐藏起来，只显示符合条件的数据。

步骤 01 打开"素材文件\第 7 章\销售业绩表 .xlsx"，❶ 选中任意数据单元格；❷ 单击"数据"选项卡"排序和筛选"组中的"筛选"按钮。

步骤 02 此时，工作表进入筛选状态，各标题字段的右侧出现下拉按钮，❶ 单击"地区"单元格的筛选按钮；❷ 在弹出的下拉菜单中，取消选中"全选"复选框，然后勾选"A区"复选框；❸ 单击"确定"按钮。

步骤 03 此时所有与"A 区"相关的数据被筛

选出来，效果如下图所示。

步骤 04 完成筛选后，单击"数据"选项卡"排序和筛选"组中的"清除"按钮，即可清除当前数据区域的筛选和排序状态。

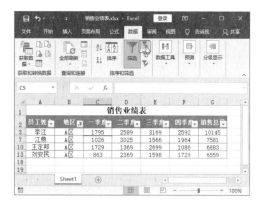

7.2.2 自定义筛选

扫一扫，看视频

自定义筛选是指通过定义筛选条件，查询符合条件的数据记录。在 Excel 2019 中，自定义筛选可以筛选出等于、大于、小于某个数的数据，还可以通过"或""与"这样的逻辑用语筛选数据。

1. 筛选小于或等于某个数的数据

筛选小于或等于某个数的数据只需要设置数据大小即可完成筛选。

步骤 01 ❶ 单击"一季度"单元格的筛选按钮；❷ 在弹出的下拉菜单中选择"数字筛选"命令；❸ 在子菜单中选择"小于或等于"命令。

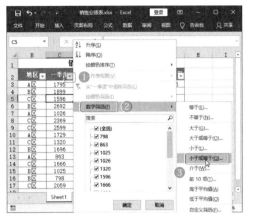

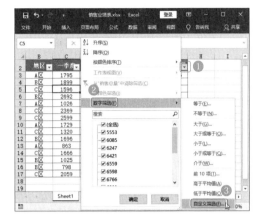

步骤 02 ❶ 在打开的"自定义自动筛选方式"对话框中输入"1500"；❷ 单击"确定"按钮。

步骤 02 ❶ 在打开的"自定义自动筛选方式"对话框中，设置"小于或等于"为"7000"，选中"或"单选按钮，设置"大于或等于"为"8000"，表示筛选小于或等于 7000 以及大于或等于 8000 的数据；❷ 单击"确定"按钮。

步骤 03 此时，Excel 工作表中所有销售数据小于或等于 1500 的数据便被筛选出来。

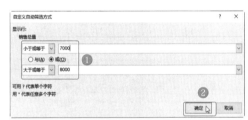

步骤 03 操作完成后，可以看到销售总量小于或等于 7000 以及大于或等于 8000 的数据被筛选出来。这样的筛选可以快速查看某类数据中的较小值以及较大值分别是哪些。

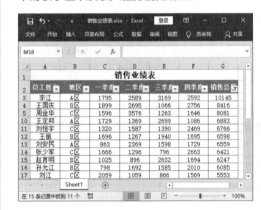

2. 自定义筛选条件

Excel 中除了直接选择"等于""不等于"这类筛选条件外，还可以自行定义筛选条件。

步骤 01 ❶ 单击"销售总量"单元格的筛选按钮 ▼；❷ 选择下拉菜单中的"数字筛选"命令；❸ 在子菜单中选择"自定义筛选"命令。

7.2.3 高级筛选

在数据筛选的过程中，可能会遇到许多复杂的筛选条件，此时可以利用 Excel 的高级筛选功能。使用高级筛选功能，筛选结果可以显示在原数据表格中，也可以在新的位置显示筛选结果。

扫一扫，看视频

1. 将符合条件的数据筛选出来

如果要查找符合某个条件的数据，可以事先在 Excel 中设置筛选条件，然后利用高级筛选功能筛选符合条件的数据。

步骤 01 在 Excel 工作表的空白处输入筛选条件，如下图所示，图中的筛选条件表示需要筛选 A 区销售总量大于 8000、B 区销售总量大于 6000 和 C 区销售总量大于 7000 的数据。

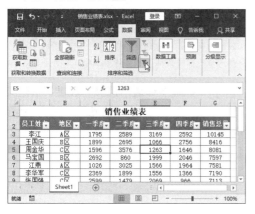

步骤 02 单击"数据"选项卡"排序和筛选"组中的"高级"按钮。

步骤 03 打开"高级筛选"对话框，❶ 确定"列表区域"选中了 A2:G17 的所有数据区域；❷ 单击"条件区域"的折叠按钮。

步骤 04 ❶ 按住鼠标左键，拖动鼠标选择事先输入的条件区域；❷ 单击"条件区域"的展开按钮。

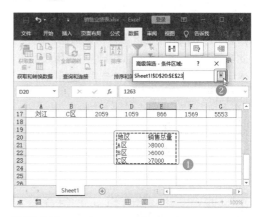

步骤 05 返回"高级筛选"对话框，单击"确定"按钮。

步骤 06 操作完成后，可以看到 A 区销售总量

大于 8000、B 区销售总量大于 6000、C 区
销售总量大于 7000 的数据已经被筛选出来。

	员工姓名	地区	一季度	二季度	三季度	四季度	销售总量
			销售业绩表				
2	员工姓名	地区	一季度	二季度	三季度	四季度	销售总量
3	李江	A区	1795	2589	3169	2592	10145
4	王国庆	B区	1899	2695	1066	2756	8416
5	周金华	C区	1596	3576	1263	1646	8081
6	马宝国	B区	2692	860	1999	2046	7597
7	李华军	C区	2369	1899	1556	1366	7190
8	张国强	C区	2599	1479	2069	966	7113
12	王丽	B区	1696	1267	1940	1695	6598
15	赵言明	B区	1025	896	2632	1694	6247
16	孙允江	B区	798	1692	1585	2010	6085

	地区	销售总量
20	A区	>8000
22	B区	>6000
23	C区	>7000

2. 根据不完整数据筛选

在对表格数据进行筛选时，若筛选条件为
某一类数据值中的一部分，即需要筛选数据值
中包含某个字符或某一组字符的数据，例如要
筛选销售业绩表中地区带有 A 的数据。在进行
此类筛选时，可以在筛选条件中应用通配符，
使用星号（＊）代替任意多个字符，使用问号（？）
代替任意一个字符。

步骤 01 ❶ 在 Excel 工作表的空白处输入筛
选条件，这里的筛选条件中 A＊ 表示地区以 A
开头，后面有若干字符的地区；❷ 单击"数据"
选项卡"排序和筛选"组的"高级"按钮。

10	王定邦	A区	1729	1369	2699	1086	6883
11	刘恒宇	C区	1320	1587	1390	2469	6766
12	王丽	B区	1696	1267	1940	1695	6598
13	刘安民	A区	863	2369	1598	1729	6559
14	张少军	C区	1666	1296	796	2663	6421
15	赵言明	B区	1025	896	2632	1694	6247
16	孙允江	B区	798	1692	1585	2010	6085
17	刘江	C区	2059	1059	866	1569	5553

	地区	销售总量	地区	四季度
20	A区	>8000	A＊	>1500
22	B区	>6000		

步骤 02 使用与前文相同的方法添加条件
区域。

步骤 03 在"高级筛选"对话框中，单击"复
制到"文本框的折叠按钮。

高级筛选

方式
- ○ 在原有区域显示筛选结果(F)
- ● 将筛选结果复制到其他位置(O)

列表区域(L)： $A$2:$G$17

条件区域(C)： !$F$20:$G$21

复制到(T)：

☐ 选择不重复的记录(R)

确定　　**取消**

🔔 小提示

筛选条件由字段名称和条件表达式组成，首先
在空白单元格中输入要作为筛选条件的字段名称，
该字段名称必须与进行筛选的数据列表区中的列
标题名称完全相同，然后在其下方的单元格中输
入条件表达式，即以比较运算符开头，若要以完全
匹配的数值或字符串为筛选条件，则可省略"＝"。
若有多个筛选条件，可以将多个筛选条件并排。

步骤 04 ❶ 在工作表中选择要放置筛选结果
的单元格；❷ 单击"条件区域"文本框的展开
按钮。

步骤 05 返回"高级筛选"对话框，单击"确定"按钮。

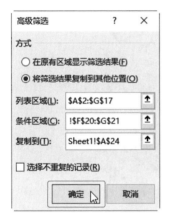

步骤 06 操作完成后，可以看到表格中带有字符 A 的地区，且四季度销量大于 1500 的数据已经被筛选出来。

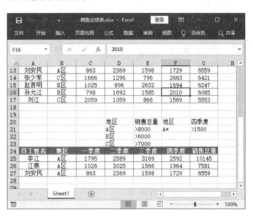

✎ 读书笔记

7.3 汇总电器销售情况表

案例说明

　　销售情况表是企业的销售部门为了方便统计不同销售组、不同销售人员在不同日期下销售不同商品的业绩数据表。在统计数据时，企业往往按照部门、日期、销售员为分类依据进行统计。到月底、年终等时间节点时，可以将数据统计表根据新的标准进行分类并汇总数据，以方便分析。如本案例中的电器销售情况表，可以按照部门业绩进行汇总，也可以按照销售月份进行汇总，还可以进行合并计算。本案例制作完成后的效果如下图所示（结果文件参见：结果文件＼第 7 章＼电器销售情况表 .xlsx）。

思路分析

　　面对销售情况表，需要进行正确的分类汇总，才能进行有效的数据分析。在分析汇总数据前，应当根据分析目的选择汇总方式。例如分析目的是对比不同部门的销售情况，那么汇总应该以"部门"为依据。又如分析目的是将不同工作表中不同月份的产品销量情况进行统计，就要利用"合并计算"功能。本案例的具体制作思路如下图所示。

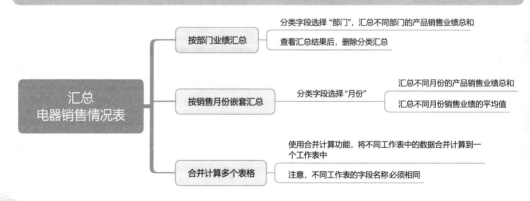

具体操作步骤及方法如下。

7.3.1 按部门业绩汇总

在电器销售情况表中，有多个部门的业绩统计。为了方便对比各部门的销售业绩，可以按部门进行汇总。

扫一扫，看视频

1. 汇总部门数据

在电器销售情况表中，相同部门的数据没有排列在一起，为了方便后期汇总，这里需要按部门进行排序。

步骤 01 打开"素材文件\第 7 章\电器销售情况表 .xlsx"，❶ 选中"部门"列中的任意数据单元格；❷ 单击"开始"选项卡"编辑"组中的"排序和筛选"下拉按钮；❸ 在弹出的下拉菜单中选择"升序"命令。

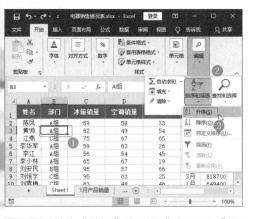

步骤 02 单击"数据"选项卡"分级显示"组中的"分类汇总"按钮。

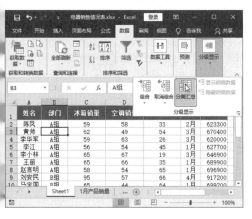

步骤 03 打开"分类汇总"对话框，❶ 设置"分类字段"为"部门"，"汇总方式"为"求和"；❷ 勾选"销售额"复选框；❸ 单击"确定"按钮。

步骤 04 此时表格中的数据就按照不同部门的销售额进行了汇总。

步骤 05 单击汇总区域左上角的数字按钮"2"，此时即可查看第 2 级汇总结果，如下图所示。

2. 删除汇总数据

如果不需要再查看分类汇总数据，可以选择删除分类汇总。

步骤 01 单击"数据"选项卡"分级显示"组中的"分类汇总"按钮。

步骤 02 打开"分类汇总"对话框，单击"全部删除"按钮，即可删除之前的汇总统计。

步骤 03 返回工作表中，即可看到数据已经恢复为原始数据。

7.3.2 按销售月份嵌套汇总数据

扫一扫，看视频

对表格数据进行分类汇总时，如果希望对某一关键字段进行多项不同汇总方式的汇总，可通过嵌套分类汇总方式实现。

步骤 01 ❶ 选中"月份"列中的任意单元格；❷ 单击"数据"选项卡"排序和筛选"组中的"升序"按钮。

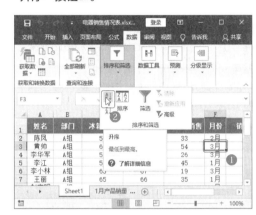

步骤 02 单击"数据"选项卡"分级显示"组中的"分类汇总"按钮。

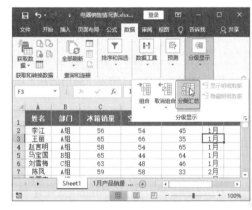

步骤 03 打开"分类汇总"对话框，❶ 设置"分类字段"为"月份"，"汇总方式"为"求和"；❷ 勾选"销售额"复选框；❸ 单击"确定"按钮。

步骤 04 返回工作表，即可看到数据已经按照月份的销售额分类汇总。

1 2 3		A	B	C	D	E	F	G
	1	姓名	部门	冰箱销量	空调销量	电视机销售	月份	销售额
	2	李江	A组	56	54	45	1月	627700
	3	王丽	A组	65	66	35	1月	689900
	4	赵言明	A组	58	54	65	1月	696900
	5	马宝国	B组	65	44	64	1月	699200
	6	刘雪梅	C组	63	48	46	1月	649400
	7						1月 汇总	3363100
	8	陈凤	A组	59	58	33	2月	623300
	9	王国庆	B组	35	48	28	2月	443300
	10	王亚	B组	84	59	28	2月	752200
	11	张国强	C组	61	55	32	2月	621400
	12	周金华	C组	58	54	48	2月	647600
	13						2月 汇总	3087800
	14	黄帅	C组	62	49	54	3月	670400
	15	李华军	A组	59	63	26	3月	620000
	16	李小林	A组	65	67	19	3月	646900
	17	江燕	C组	75	67	65	3月	836300
	18	刘恒宇	C组	95	63	25	3月	818700
	19	张少军	C组	55	68	25	3月	611700
	20						3月 汇总	4204000
	21	刘安民	B组	95	57	66	4月	917200
	22	孙允江	B组	65	51	54	4月	694000
	23	王定邦	B组	84	49	35	4月	738500
	24	余海鼎	C组	62	52	47	4月	660300
	25	赵天星	C组	48	45	59	4月	592900
	26						4月 汇总	3602900
	27						总计	14257800

步骤 05 再次单击"数据"选项卡"分级显示"组中的"分类汇总"按钮。

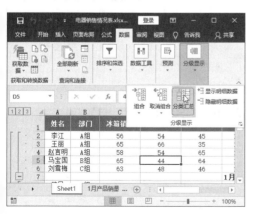

步骤 06 打开"分类汇总"对话框，❶ 设置"分

类字段"为"月份"，"汇总方式"为"平均值"；❷ 勾选"销售额"复选框；❸ 取消勾选"替换当前分类汇总"复选框；❹ 单击"确定"按钮。

步骤 07 返回工作表中，即可看到数据已经按照月份的销售额和平均值汇总。

1 2 3 4		A	B	C	D	E	F	G
	1	姓名	部门	冰箱销量	空调销量	电视机销售	月份	销售额
	2	李江	A组	56	54	45	1月	627700
	3	王丽	A组	65	66	35	1月	689900
	4	赵言明	A组	58	54	65	1月	696900
	5	马宝国	B组	65	44	64	1月	699200
	6	刘雪梅	C组	63	48	46	1月	649400
	7						1月 平均值	672620
	8						1月 汇总	3363100
	9	陈凤	A组	59	58	33	2月	623300
	10	王国庆	B组	35	48	28	2月	443300
	11	王亚	B组	84	59	28	2月	752200
	12	张国强	C组	61	55	32	2月	621400
	13	周金华	C组	58	54	48	2月	647600
	14						2月 平均值	617560
	15						2月 汇总	3087800
	16	黄帅	C组	62	49	54	3月	670400
	17	李华军	A组	59	63	26	3月	620000
	18	李小林	A组	65	67	19	3月	646900
	19	江燕	C组	75	67	65	3月	836300
	20	刘恒宇	C组	95	63	25	3月	818700
	21	张少军	C组	55	68	25	3月	611700
	22						3月 平均值	700666.667
	23						3月 汇总	4204000
	24	刘安民	B组	95	57	66	4月	917200
	25	孙允江	B组	65	51	54	4月	694000
	26	王定邦	B组	84	49	35	4月	738500
	27	余海鼎	C组	62	52	47	4月	660300
	28	赵天星	C组	48	45	59	4月	592900
	29						4月 平均值	720580
	30						4月 汇总	3602900
	31						总计平均值	678942.857
	32						总计	14257800

7.3.3　合并计算多个表格的销售业绩

扫一扫，看视频

　　要按某一个分类将数据结果进行汇总计算，可以应用 Excel 中的合并计算功能，它可以将一个或多个工作表中具有相同标签的数据进行汇总运算。

　　例如，现在需要将表格中 1-3 月的销售数据汇总到一个表格中，操作方法如下。

步骤 01 ❶ 新建工作表，并更改工作表名称；❷ 选中左上角单元格，表示合并计算的结果从这个单元格位置开始放置；❸ 单击"数据"选项卡"数据工具"组中的"合并计算"按钮。

小提示

对不同表格的数据进行合并计算，要注意表格中的字段名相同。如本案例，"1月产品销量""2月产品销量""3月产品销量"三个工作表都由"冰箱销量""空调销量"等相同字段组成，并且"姓名"列下的人名相同。

步骤 02 打开"合并计算"对话框，单击"引用位置"文本框的 ↑ 按钮。

步骤 03 ❶ 切换到"1月产品销量"工作表；❷ 按住鼠标左键，拖动鼠标选中表格中的销售数据；❸ 单击"合并计算 – 引用位置"对话框中的 ▣ 按钮。

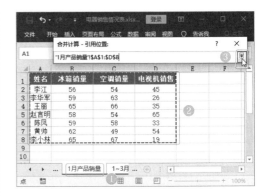

步骤 04 ❶ 完成"1月产品销量"数据的选择后，单击"添加"按钮，将数据添加到引用位置中；❷ 单击"引用位置"文本框的 ↑ 按钮。

步骤 05 ❶ 使用相同的方法分别引用"2月产品销量"和"3月产品销量"工作表中的数据；❷ 勾选"标签位置"选项组中的"首行"和"最左列"复选框；❸ 单击"确定"按钮。

步骤 06 此时表格中就完成了合并计算，结果

如下图所示，三个表格中的销售数据自动求和汇总到一个表格中。

本章小结

　　本章结合三个案例主要讲述了 Excel 的排序、筛选与汇总的相关知识，学习了如何在表格中通过排序和筛选准确地查看数据，并使用分类汇总统计数据的方法。通过本章的学习，可以掌握在表格中快速排序和筛选数据，利用汇总功能分级显示数据的操作。

✏ 读书笔记

第**8**章

使用 Excel 图表和透视表分析数据

本章导读

Excel 2019 可以将表格中的数据转换成不同类型的图表，更加直观地展现数据。为了增强数据的表现力，可以添加迷你图。当数据量大、数据项目较多时，可以创建数据透视表,利用数据透视表快速分析不同数据项目的情况。

知识技能

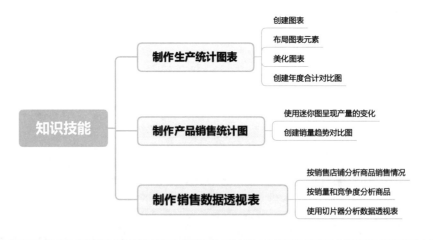

8.1 制作生产统计图表

案例说明

企业每年都需要制作生产统计表，以了解每季度的生产总量和年度总计。为了更清楚地查看数据对比，可以根据表格创建图表。本节以制作生产统计图表为例，通过插入多个图表并美化图表，介绍制作和美化图表的方法。本案例制作完成后的效果如下图所示（结果文件参见：结果文件\第8 章\2021 年生产统计表 .xlsx）。

思路分析

企业管理人员在向领导汇报一年的生产情况时，使用纯数据表格不够直观，不能让领导一目了然地了解不同类别产品的生产情况。如果将表格数据转换成图表数据，一眼便能看出产品的生产情况。在制作图表时，首先要正确创建图表，再根据需要选择图表布局并设置图表样式。本案例的具体制作流程及思路如下。

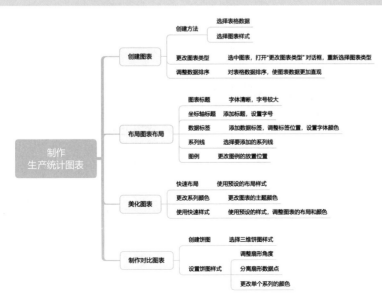

具体操作步骤及方法如下。

8.1.1 创建图表

扫一扫，看视频

使用图表可以直观地显示各流水线产品每季度的生产量，并对数据进行对比。下面将根据表格创建图表来分析数据。

1. 插入图表

Excel 中有多种图表类型，可以根据数据选择合适的图表类型。例如，根据每个季度的生产量来创建图表，可以选择柱形图或条形图。

步骤 01 打开"素材文件\第 8 章\2021 年生产统计表 .xlsx"工作簿，选中 A2:E8 单元格区域。

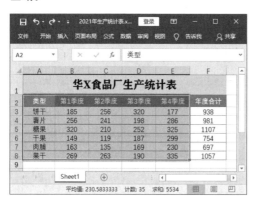

步骤 02 ❶ 单击"插入"选项卡"图表"组中的"插入柱形图或条形图"下拉按钮 ；❷ 在弹出的下拉菜单中选择"簇状条形图"选项。

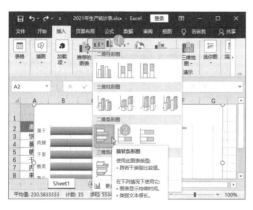

步骤 03 操作完成后即可插入图表，拖动图表，将其移动到合适的位置。

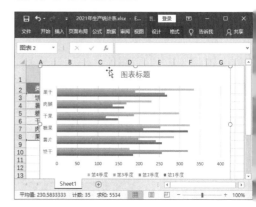

步骤 04 将鼠标移动到图表四周的控制点，拖动控制点，调整图表的大小。

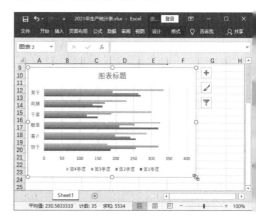

🔔 小提示

移动图表和调整图表大小的方法与移动图片和调整图片大小的方法基本相同。

2. 更改图表类型

对于已经创建的图表，如果对图表不满意，可以更改图表类型。

步骤 01 ❶ 选中图表；❷ 单击"图表工具／设计"选项卡"类型"组中的"更改图表类型"按钮。

步骤 02 打开"更改图表类型"对话框，❶ 选择需要更改的图表类型；❷ 单击"确定"按钮。

步骤 03 操作完成后即可看到更改的图表类型。

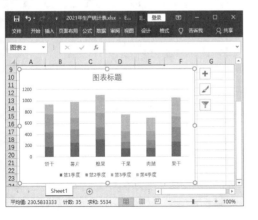

小提示

在 Excel 中，提供了多种类型的图表供用户选择，不同的图表类型有着不同的数据展示方式，从而有着不同的作用。例如，"柱形图"主要用于显示一段时间内数据的变化情况或数据之间的比较情况，其中"簇状柱形图"和"三维簇状柱形图"用于比较多个类别的值；"堆积柱形图"和"三维堆积柱形图"用于显示单个项目与总体的关系，并跨类别比较每个值占总体的百分比；"折线图"用于显示随时间变化的连续数据的关系；如果要显示不同类别的数据在总数中所占的百分比，可以使用"饼图"；如果要显示各项数据的比较情况，可以使用"条形图"；如果要体现数据随时间变化的程度，同时要强调数据总值的情况，则可以使用"面积图"。

3. 移动图表位置

创建的图表默认存放在表格所在的工作表中，如果有需要也可以将其移动到其他工作表或新建的"图表"工作表中，具体操作方法如下。

步骤 01 ❶ 选中图表；❷ 单击"图表工具 / 设计"选项卡"位置"组中的"移动图表"按钮。

步骤 02 打开"移动图表"对话框，❶ 选中"新工作表"单选按钮，在文本框中输入新工作表的名称；❷ 单击"确定"按钮。

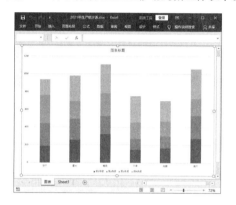

步骤 03 返回文档中即可看到已经新建了一个"图表"工作表，图表也已经移动到新工作表中。

步骤 05 操作完成后即可将图表移动到之前的工作表中。

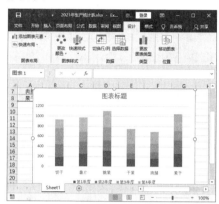

8.1.2 布局图表元素

组成 Excel 图表的布局元素有很多种，如坐标轴、标题、图例等。完成创建图表后，需要根据实际需求对图表布局进行调整，使其既能满足数据意义的表达要求，又能保证美观。

扫一扫，看视频

1. 设置图表标题

通常一个图表需要一个名称，通过简单的语言概括该图表需要表现的意义。在创建图表时，默认创建的图表标题为"图表标题"，可以通过以下方法更改图表标题。

步骤 01 ❶ 选中标题，然后右击；❷ 在弹出的快捷菜单中选择"编辑文字"命令。

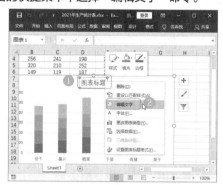

🔔 **小技巧**

双击"图表标题"文本框也可以进入图表标题编辑模式。

🔔 **小技巧**

通过"移动图表"功能将图表移动到"图表"工作表中，在调整 Excel 窗口大小时，图表也会随之调整大小。

步骤 04 ❶ 如果要将图表从"图表"工作表中移出，可以在选中图表后，再次单击"图表工具 / 设计"选项卡"位置"组中的"移动图表"按钮；❷ 在弹出的"移动图表"对话框中选中"对象位于"单选按钮，在右侧的下拉列表中选择工作表名称；❸ 单击"确定"按钮。

步骤 02 输入新标题的内容，并在"开始"选项卡中设置字体样式。

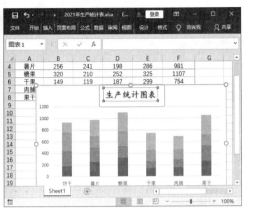

2. 添加坐标轴标题

在图表中添加轴标题，可以提示数据的类别或具体数据。图表默认没有坐标轴标题，为了使图表显示得更加清楚，可以为图表添加坐标轴标题，操作方法如下。

步骤 01 ❶ 选择图表，单击"图表工具 / 设计"选项卡"图表布局"组中的"添加图表元素"下拉按钮；❷ 在弹出的下拉菜单中选择"坐标轴标题"命令；❸ 在弹出的子菜单中选择"主要横坐标轴"命令。

步骤 02 在图表下方将添加一个默认名为"坐标轴标题"的文本框，❶ 在文本框上右击；❷ 在弹出的快捷菜单中选择"编辑文字"命令。

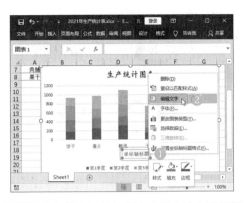

步骤 03 在横坐标轴标题文本框中输入横坐标轴标题，并设置文字格式。

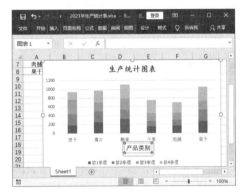

3. 添加数据标签

在创建的图表中，默认不显示数据标签，为了让数据更加清晰，可以添加数据标签。

步骤 01 ❶ 选中图表，单击"图表工具 / 设计"选项卡"图表布局"组中的"添加图表元素"下拉按钮；❷ 在弹出的下拉菜单中选择"数据标签"命令；❸ 在弹出的子菜单中选择"居中"命令。

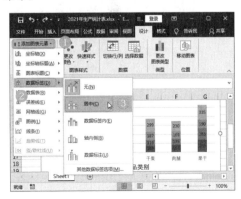

步骤 02 ① 在任意数据标签上单击，选中该系列的所有数据标签，然后在数据标签上右击；② 在弹出的快捷菜单中选择"设置数据标签格式"命令。

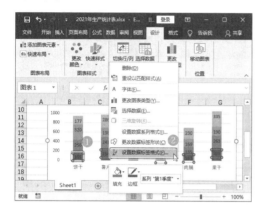

🔔 小技巧

在某一数据标签上单击，稍等片刻，再次单击，可以选中单独的某一个数据标签。

步骤 03 打开"设置数据标签格式"窗格，① 在"文本选项"组的"文本填充与轮廓"选项卡中选择"文本填充"组中的"纯色填充"单选按钮；② 在"颜色"下拉列表中选择一种主题颜色。

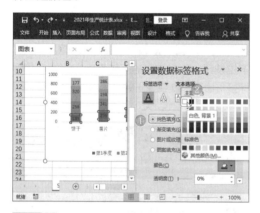

步骤 04 使用相同的方法设置其他系列的数据标签颜色。

4. 添加系列线

为图表添加系列线可以使数据更加清晰，有助于更快地分析数据。

步骤 01 ① 选中图表，单击"图表工具 / 设计"选项卡"图表布局"组中的"添加图表元素"下拉按钮；② 在弹出的下拉菜单中选择"线条"命令；③ 在弹出的子菜单中选择"系列线"命令。

步骤 02 操作完成后即可为图表添加系列线。

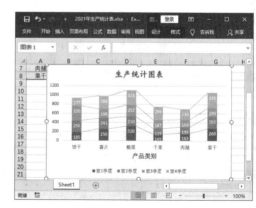

5. 更改图例位置

图例说明了图表中的数据系列所代表的内容。默认情况下图例显示在图表下方，根据需要，可以更改图例的位置及图例文字的格式。

步骤 01 ❶ 选中图表，单击"图表工具 / 设计"选项卡"图表布局"组中的"添加图表元素"下拉按钮；❷ 在弹出的下拉菜单中选择"图例"命令；❸ 在弹出的子菜单中选择"顶部"命令。

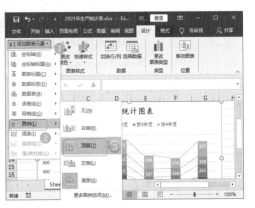

步骤 02 操作完成后即可看到图例已经移动到图表的顶部。

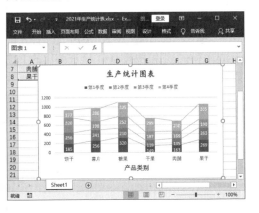

8.1.3 美化图表

在调整图表布局时，经常会因为不知道如何搭配各种图表元素而苦恼。此时，可以利用系统的内置样式、配色等，快速美化图表。

扫一扫，看视频

1. 快速布局图表

如果想要快速调整图表，可以使用快速布局功能来快速布局图表元素。

步骤 01 ❶ 选中图表，单击"图表工具 / 设计"选项卡"图表布局"组中的"快速布局"下拉按钮；❷ 在弹出的下拉菜单中选择一种布局模式。

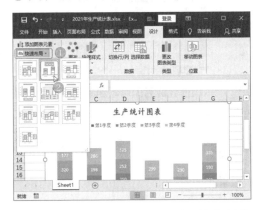

步骤 02 操作完成后即可看到所选布局的效果。

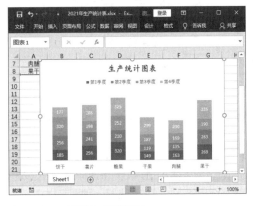

2. 更改图表系列颜色

图表中每一类的数据称为一个系列，用一种颜色表示，如果对默认的系列颜色不满意，Excel 提供了多种颜色方案可供选择。更改图表系列颜色的操作方法如下。

步骤 01 ❶ 选中图表，单击"图表工具 / 设计"选项卡"图表样式"组中的"更改颜色"下拉按钮；❷ 在弹出的下拉菜单中选择一种主题颜色。

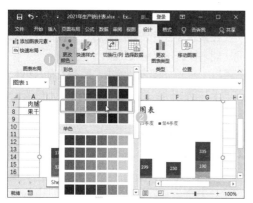

步骤 02 操作完成后即可看到图表系列的颜色已经更改。

3. 使用快速样式美化图表

Excel 中预置了多种图表样式，包括图表颜色、背景、图表元素等。使用快速样式可以立刻让图表生动起来。

步骤 01 ❶ 选中图表，单击"图表工具／设计"选项卡"图表样式"组中的"快速样式"下拉按钮；❷ 在弹出的下拉菜单中选择一种图表样式。

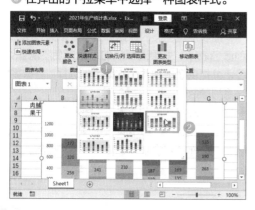

步骤 02 操作完成后即可看到图表的样式已经更改。

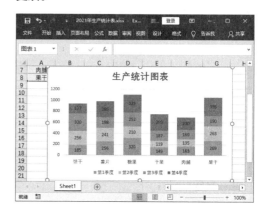

8.1.4 创建年度合计对比图

扫一扫，看视频

在分析生产情况时，常常需要查看各季度销量占全年总销量的百分比，这时可以使用饼图来表现。

1. 创建三维饼图

在创建年度合计对比图时，首先需要使用各季度的汇总数据来创建三维饼图。

步骤 01 ❶ 选中要创建三维饼图的数据区域，单击"插入"选项卡"图表"组中的"插入饼图或圆环图"下拉按钮 ❶ ▼；❷ 在弹出的下拉菜单中选择"三维饼图"选项。

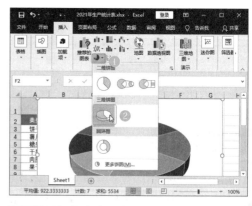

步骤 02 操作完成后即可在工作表中插入一个三维饼图。

2. 设置三维饼图的样式

插入三维饼图后，还需要为饼图设置图表样式，让其显示百分比。为了更清楚地查看占比最高的数据，还可以将一部分饼图从整体中分离。

步骤 01 ❶ 选中饼图，单击"图表工具 / 设计"选项卡"图表样式"组中的"快速样式"下拉按钮；❷ 在弹出的下拉列表中选择一种带有百分比数据标签样式的图表样式。

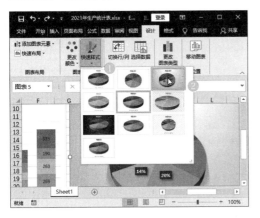

步骤 02 选择的快速样式中包含了图例，本案例需要删除图例。❶ 选中图表，单击"图表工具 / 设计"选项卡"图表布局"组中的"添加图表元素"下拉按钮；❷ 在下拉菜单中选择"图例"命令；❸ 在弹出的子菜单中选择"无"命令。

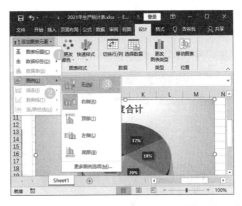

步骤 03 ❶ 单击数据标签为 20% 的系列，稍微停顿之后再次单击该系列，选中该系列后右击；❷ 在弹出的快捷菜单中选择"设置数据点格式"命令。

步骤 04 打开"设置数据点格式"窗格，在"系列选项"选项卡的"系列选项"组中设置"第一扇区起始角度"为"300°"，设置"点分离"为"30%"。

步骤 05 ❶ 在"填充与线条"选项卡的"填充"组中选中"纯色填充"单选按钮；❷ 在"颜色"下拉列表中选择一种颜色。

步骤 06 操作完成后即可看到年度合计对比图的最终效果。

 读书笔记

8.2 制作产品销售统计图

案例说明

　　产品销售统计图是企业需要定期统计的数据，由于统计出来的数据量往往比较大，如果直接给领导呈现原始的纯数据信息，会让领导看不到重点，降低信息获取的效果。如果能贴心地在数据中添加迷你图，或是有侧重点地将数据转换成图表，领导就能一目了然地看懂汇报数据。本案例制作完成后的效果如下图所示（结果文件参见：结果文件\第 8 章\产品销售表.xlsx）。

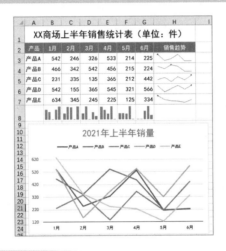

思路分析

　　当销售部门需要向领导汇报销量情况时，要根据汇报重点选择性地将数据转换成不同类型的图表。例如，领导看重的是实际数据，为数据加上迷你图即可；如果想要向领导表现销量的趋势，可以选择折线图。本案例的具体制作思路如下图所示。

具体操作步骤及方法如下。

8.2.1 使用迷你图呈现产量的变化

扫一扫，看视频

迷你图是 Excel 中的一个微型图表，可提供数据的直观表现。使用迷你图可以显示一系列数值的变化趋势，例如上半年每月的销量变化。

1. 为数据创建折线迷你图

折线迷你图体现的是数据的变化趋势，添加折线迷你图的方法如下。

步骤 01 打开"素材文件\第8章\产品销售表.xlsx"，❶ 选中 H3 单元格；❷ 单击"插入"选项卡"迷你图"组中的"折线"按钮。

步骤 02 打开"创建迷你图"对话框，单击"数据范围"文本框右侧的 ↑ 按钮。

步骤 03 ❶ 按住鼠标左键，拖动选择 B3:G3 单元格区域；❷ 单击"创建迷你图"对话框中的 🔳 按钮。

步骤 04 返回"创建迷你图"对话框，单击"确定"按钮。

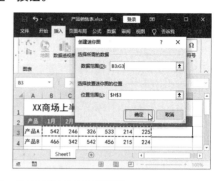

小提示

如果要更改放置迷你图的位置，也可以在"创建迷你图"对话框的"位置范围"文本框中选择要放置迷你图的单元格。

步骤 05 操作完成后即可在 H3 单元格中创建迷你图，选中 H3 单元格的填充柄向下填充迷你图。

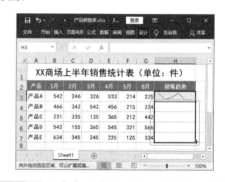

步骤 06 ❶ 选中所有迷你图；❷ 单击"迷你图工具/设计"选项卡"样式"组中的"迷你图颜色"下拉按钮 🖉 ▾；❸ 在弹出的下拉菜单中选择一种迷你图的颜色。

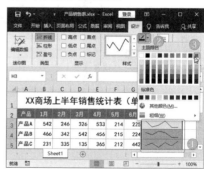

步骤 07 保持迷你图的选中状态，❶单击"迷你图工具／设计"选项卡"样式"组中的"标记颜色"下拉按钮；❷在弹出的下拉菜单中选择"高点"命令；❸在弹出的子菜单中选择一种颜色。

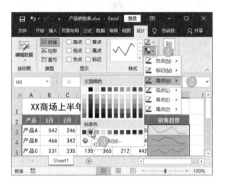

步骤 08 操作完成后即可看到创建的迷你图的效果。

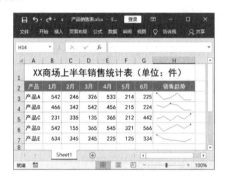

2. 为数据创建柱形迷你图

折线迷你图表现的是趋势对比，柱形迷你图则能表现数据大小的对比。为表格数据增加柱形迷你图，可以直观地表现数据大小。

步骤 01 单击"插入"选项卡"迷你图"组中的"柱形"按钮。

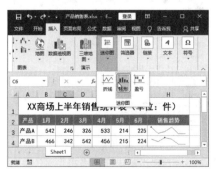

步骤 02 打开"创建迷你图"对话框，❶在"数据范围"文本框中输入 B3:G7；❷单击"位置范围"文本框，按住鼠标左键，拖动选择 B8:G8 单元格区域；❸单击"确定"按钮。

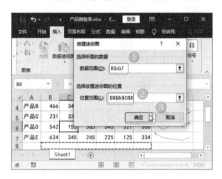

步骤 03 ❶选中创建的柱形迷你图；❷单击"迷你图工具／设计"选项卡"样式"组中的"其他"下拉按钮。

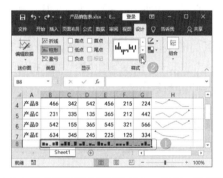

步骤 04 在弹出的下拉列表中，选择一种迷你图样式。

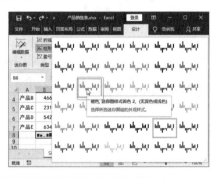

步骤 05 调整迷你图所在行的行高，即可查看创建柱形迷你图后的最终效果。

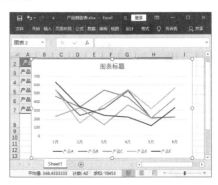

成功创建后即可看到已经成功创建了
折线图。

8.2.2 创建销量趋势对比图

扫一扫，看视频

要突出表现表格中数据的趋势
对比，最好的方法是创建折线图。
折线图创建成功后，要调整折线图
格式，让变化趋势更加明显。

1. 创建折线图

创建折线图的方法是，选中数据，再选择
折线图样式，具体操作如下。

步骤 01 ❶ 选择 A2:G7 单元格区域；❷ 单击
"插入"选项卡"图表"组中的"插入折线图或
面积图"下拉按钮 ⋙ ·。

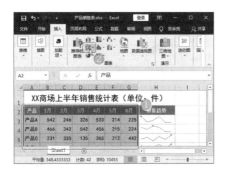

步骤 02 在弹出的下拉列表中选择折线图的样式。

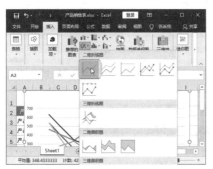

2. 设置折线图格式

成功创建折线图后，需要调整 Y 轴坐标值
以及折线图中的折线样式，让折线图的变化趋
势更加明显，易于分析。

步骤 01 ❶ 将光标定位到图表标题文本框中，
删除原本的标题，重新输入图表标题；❷ 在"开
始"选项卡的"字体"组中设置字体样式。

步骤 02 在 Y 轴上右击，在弹出的快捷菜单中
选择"设置坐标轴格式"命令。

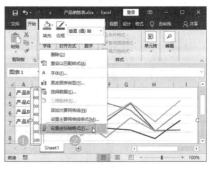

步骤 03 打开"设置坐标轴格式"窗格，❶ 在"坐

标轴选项"选项卡中单击"坐标轴选项"按钮 📊；❷ 设置坐标轴的边界值。

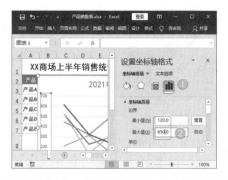

步骤 04 此时 Y 轴的最大值和最小值均被改变，折线的起伏更加明显。

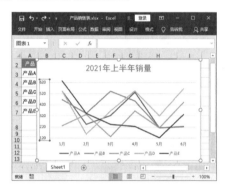

步骤 05 ❶ 双击图例，打开"设置图例格式"窗格；❷ 在"图例选项"选项卡"图例选项"组的"图例位置"列表中选中"靠上"单选按钮。

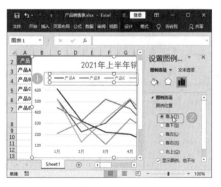

步骤 06 在"开始"选项卡的"字体"组中设置图例的字体样式。

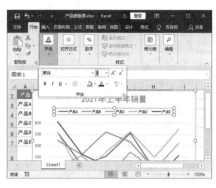

步骤 07 ❶ 双击 X 轴；❷ 打开"设置坐标轴格式"窗格，在"坐标轴选项"选项卡"填充与线条"组中的"线条"列表中选中"实线"单选按钮；❸ 在"颜色"下拉列表中选择一种主题颜色。

步骤 08 在"开始"选项卡的"字体"组中设置 X 轴的字体样式。

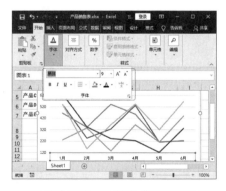

步骤 09 选中图表，❶ 单击"图表工具 / 设计"选项卡"图表样式"组中的"更改颜色"下拉按钮；❷ 在弹出的下拉菜单中选择一种配色方案。

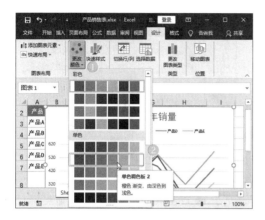

步骤 10 操作完成后，可以看到折线图的最终效果。

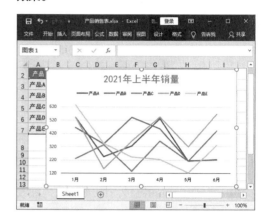

✏️ 读书笔记

8.3 制作销售数据透视表

案例说明

　　企业在进行产品销售时，为了衡量销售状态是否良好，哪些地方存在不足，需要定期统计销售数据。统计出来的数据往往包含时间、商品种类销量、销售店铺、销售人员等信息。由于信息比较杂，不方便分析，如果将表格制作成数据透视表，就可以提高数据分析的效率。本案例制作完成后的效果如下图所示（结果文件参见：结果文件\第 8 章\线上销售数表 .xlsx ）。

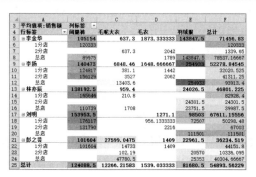 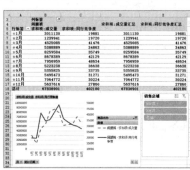

思路分析

　　线上产品的销售主管需要汇报业绩或者统计销售情况时，不仅需要将数据录入表格，还要利用表格生成数据透视表。在透视表中，可以通过求和、求平均数、为数据创建图表等方式更加灵活地分析并展现数据。在利用透视表分析数据时，要根据数据分析的目的，选择条件格式、建立图表、使用切片器分析等不同的功能。本案例的具体制作思路如下图所示。

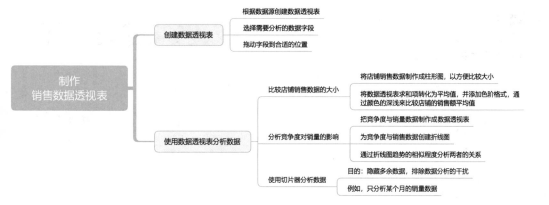

具体操作步骤及方法如下。

8.3.1 按销售店铺分析商品销售情况

扫一扫，看视频

可以将表格中的数据整合到一个数据透视表中，在透视表中通过设置字段，可以对比查看不同店铺的商品销售情况。

1. 创建数据透视表

要利用数据透视表对数据进行分析，需要先根据数据区域创建数据透视表。

步骤 01 打开"素材文件\第8章\线上销售数表.xlsx"工作簿，❶ 将光标定位到任意数据区域；❷ 单击"插入"选项卡"表格"组中的"数据透视表"按钮。

步骤 02 打开"创建数据透视表"对话框，在"表/区域"文本框中将自动选择当前数据区域，❶ 选中"新工作表"单选按钮；❷ 单击"确定"按钮。

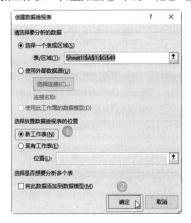

步骤 03 完成创建数据透视表后，效果如下图所示，需要设置字段方能显示所需的透视表。

2. 设置透视表字段

刚创建的数据透视表或数据透视图中并没有任何数据，需要在透视表中添加进行分析和统计的字段，才可以得到相应的数据透视表或数据透视图。

本案例中需要分析不同店铺的销量，就要添加"销售店铺""商品名称""成交量"字段来分析不同店铺的不同商品的销售情况。

步骤 01 在"数据透视表字段"窗格中选中需要的字段。

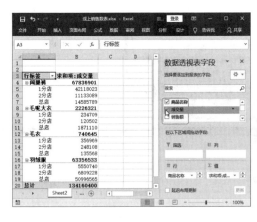

步骤 02 使用拖动的方法，将字段拖动到相应的位置。

步骤 03 完成字段选择与位置调整后，透视表的效果如下图所示，从表中可以清晰地看到不同店铺中不同商品的销量情况。

3. 创建销售对比柱形图

利用数据透视表中的数据可以创建各种图表，将数据可视化，方便进一步分析。

步骤 01 ① 将光标定位到数据透视表数据区域中的任意单元格；② 单击 "插入" 选项卡 "图表" 组中的 "插入柱形图或条形图" 下拉按钮 ▥；③ 在弹出的下拉菜单中选择一种柱形图。

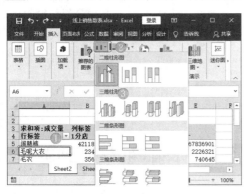

步骤 02 创建完成的柱形图如下图所示，将鼠标放到柱形条上会显示相应的数值大小。

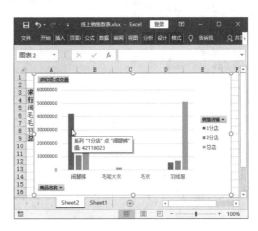

4. 计算不同店铺的销售额平均值

在数据透视表中，默认情况下统计的是数据的和，例如前面的步骤中，透视表自动计算出不同店铺中不同商品的销量之和。接下来就要通过设置将求和改成平均值，从而对比不同店铺销售额平均值的大小。

步骤 01 ① 在 "数据透视表字段" 窗格中选中 "商品名称""销售额""销售主管""销售店铺" 4 个复选框；② 设置字段的位置，此时销售额默认的是 "求和项"。

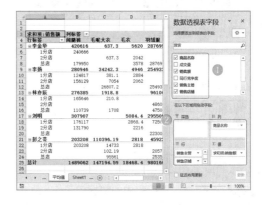

步骤 02 在透视表任意单元格中右击，从弹出的快捷菜单中选择 "值字段设置" 命令。

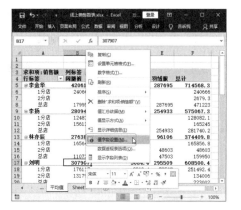

步骤 03 ● 在打开的"值字段设置"对话框中，选择"计算类型"为"平均值"；❷ 单击"确定"按钮。

步骤 04 当值字段设置为"平均值"后，透视表的效果如下图所示。在表中可以清楚地看到不同店铺中不同商品的销售额平均值，以及不同销售主管的销售额平均值。

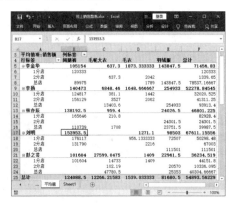

步骤 05 ● 选中透视表中的数据单元格；❷ 单击"开始"选项卡"样式"组中的"条件格式"下拉按钮。

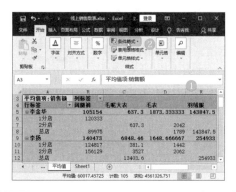

步骤 06 ● 在弹出的下拉菜单中选择"色阶"命令；❷ 在弹出的子菜单中选择一种色阶样式。

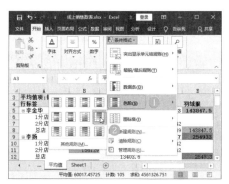

步骤 07 此时数据透视表就按照表格中的数据填充上深浅不一的颜色。通过颜色对比，可以很快分析出哪个店铺的销售额平均值最高，哪种商品的销售额平均值最高，哪位销售主管的业绩平均值最高。

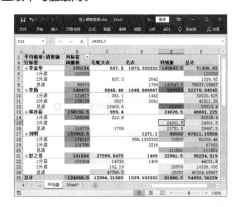

8.3.2 按销量和竞争度分析商品

为了分析是什么原因影响了商品的销量，

可以在透视表中将销量与影响因素创建成折线图，通过对比两者的趋势进行分析。

扫一扫，看视频

1. 调整透视表字段

要想分析竞争度对销量的影响，就要将销量与同行竞争度字段一同选中，创建成新的数据透视表。

❶ 在"数据透视表字段"窗格中选中"商品名称""成交量""同行竞争度""统计日期""月"5 个复选框；❷ 调整字段的位置，如下图所示。

2. 创建折线图

当完成透视表的创建后，需要将销量与同行竞争度创建成折线图，对比两者的趋势是否相似，如果相似，则说明销量的起伏确实与竞争度相关。

步骤 01 ❶ 选中任意数据单元格；❷ 单击"插入"选项卡"图表"组中的"插入折线图或面积图"按钮 ⩙ ；❸ 在弹出的下拉列表中选择折线图样式。

步骤 02 为了更加清晰地分析数据趋势，这里

将暂时不需要分析的数据折线隐藏，只选择需要分析的数据。❶ 单击图表中的"商品名称"下拉按钮；❷ 在弹出的下拉菜单中取消选中"全选"，选中"阔腿裤"复选框；❸ 单击"确定"按钮。

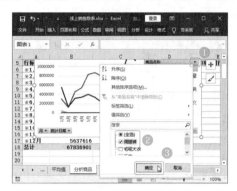

步骤 03 选中代表阔腿裤竞争度的折线，右击，在弹出的快捷菜单中选择"设置数据系列格式"命令。

步骤 04 在打开的"设置数据系列格式"窗格中选中"次坐标轴"单选按钮。

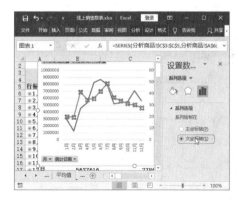

步骤 05 双击右边的次坐标轴，在打开的"设

置坐标轴格式"窗格中设置坐标轴的边界值。

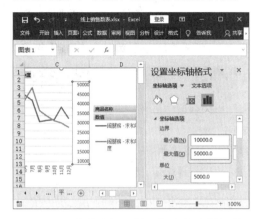

步骤 06 双击代表阔腿裤同行竞争度的折线，在打开的"设置数据系列格式"窗格中设置其颜色为"红色"。

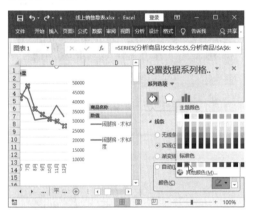

步骤 07 双击代表阔腿裤销量的折线，在打开的"设置数据系列格式"窗格中设置其颜色为"绿色，个性色6"。

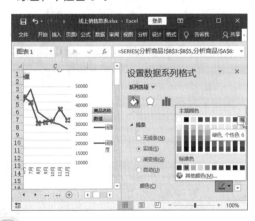

步骤 08 ❶ 单击"短画线类型"选项的下拉按钮；❷ 在弹出的下拉菜单中选择"短画线"选项。

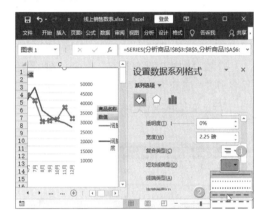

步骤 09 此时代表销量和同行竞争度的两条折线不论是在颜色上还是线型上都明确地区分开，分析两者的趋势，发现起伏度非常类似，说明竞争度确实影响到了销量。

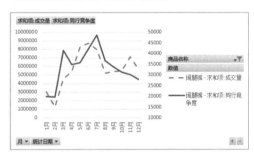

8.3.3 使用切片器分析数据透视表

扫一扫，看视频

制作出来的数据透视表的数据项目往往比较多，如店铺的商品销售透视表中有各个店铺的数据。此时可以通过 Excel 2019 的切片功能筛选特定的项目，让数据更加直观地呈现出来。

1. 创建切片器分析数据

使用切片器分析数据比较直观，在分析数据之前，首先要创建切片器。

步骤 01 ❶ 选中任意数据单元格；❷ 单击"插入"选项卡"筛选器"组中的"切片器"按钮。

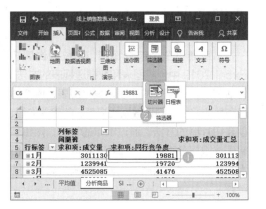

下图所示，透视表中仅显示该销售店铺在不同时间的不同商品的销量。

步骤 02 打开"插入切片器"对话框，❶ 选中需要的数据项目，如"销售店铺"；❷ 单击"确定"按钮。

2. 清除切片器筛选

在筛选数据之后，如果要重新筛选，或者不再需要筛选，可以清除切片器筛选。

单击切片器上方的"清除筛选器"按钮，可以清除筛选。

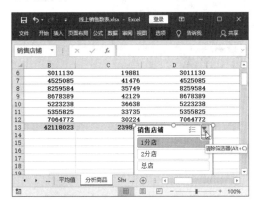

步骤 03 此时会弹出切片器筛选对话框，选中其中一个销售店铺选项。

小提示

如果没有清除切片器筛选，就算删除了切片器，数据也会一直保持筛选后的状态。

3. 美化切片器

插入的切片器默认为白底蓝纹，为了美化切片器，也可以为切片器选择其他样式。

步骤 01 ❶ 选中切片器；❷ 单击"切片器工具/选项"选项卡"切片器样式"组中的"快速样式"下拉按钮；❸ 在弹出的下拉菜单中选择一种切片器样式。

步骤 04 选中单独的销售店铺选项后，效果如

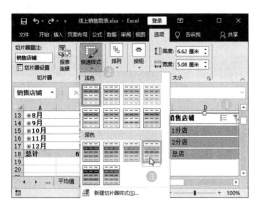

本章小结

　　本章通过三个综合案例，系统地讲解了 Excel 2019 中创建图表和数据透视表的方法，包括创建各种类型的图表、美化图表、调整图表布局的方法，制作数据透视表、创建迷你图、创建切片器的方法。通过本章的学习，熟练掌握表格数据分析的相关技巧，可以快速地分析大量数据，找到数据的规律，解决数据分析的难题。

步骤 02 操作完成后即可看到切片器的样式已经更改。

✎ 读书笔记

第 **9** 章

Excel 表格的高级应用

在 Excel 中，除了可以进行基本的数据管理外，还可以使用公式制作销售计划、预测利润，使用宏功能管理数据等。本章以制作年度销售计划表和订单管理系统为例，介绍 Excel 2019 表格的高级应用技巧。

本章相关案例及知识技能如下图所示。

知识技能	制作年度销售计划表	创建年度销售计划表
		计算要达到目标利润的销售额
		使用方案制订销售计划
	制作订单管理系统	设置订单管理系统的文件格式
		录制与使用宏命令
		为订单管理系统表添加宏命令执行按钮
		设置订单查看密码登录窗口

9.1 制订年度销售计划表

案例说明

　　在年初或年末的时候，企业常常会提出新一年的各种计划和目标，例如产品的年度销售计划。年度销售计划通常会依据上一年的销售情况，为新一年的销售额提出要求。本案例将应用 Excel 对新一年的销售情况做出规划，确定要完成的目标、各分公司需要完成的总目标等。本案例制作完成后的效果如下图所示（结果文件参见：结果文件\第 9 章\年度销售计划表.xlsx）。

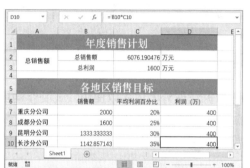 

思路分析

　　在制作年度销售计划表时，首先要添加公式计算年度销售额、利润以及各分公司的利润，然后根据要达到的目标利润确定需要达到的销售额。如果需要计算多个销售计划，则需要添加方案，并生成方案摘要，以方便查看。本案例的具体制作思路如下图所示。

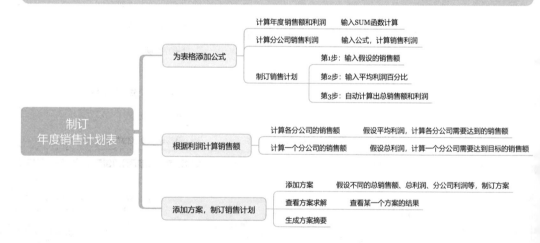

具体操作步骤及方法如下。

9.1.1 创建年度销售计划表

在对年度销量进行规划时，需要在年度销售计划表中添加相应的公式，以确定数据之间的关系。

扫一扫，看视频

1. 添加公式计算年度销售额及利润

在制订各分公司的销售计划时，需要在表格中添加用于计算年度总销售额和总利润的公式，具体操作方法如下。

步骤 01 打开"素材文件 \ 第 9 章 \ 年度销售计划表 .xlsx"工作簿，选择 C2 单元格，在该单元格中输入公式"=SUM(B7:B10)"，计算 B7:B10 单元格区域的数据之和。

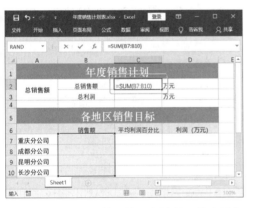

步骤 02 选择 C3 单元格，在该单元格中输入公式"=SUM(D7:D10)"，计算 D7:D10 单元格区域的数据之和。

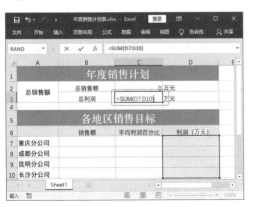

2. 添加公式计算各分公司销售利润

各分公司的销售利润应该根据各分公司的销售额与平均利润百分比计算得出，所以应该在"利润（万元）"列的单元格中添加计算公式，具体操作方法如下。

步骤 01 选择 D7 单元格，在该单元格中输入公式"= B7*C7"，计算 B7 和 C7 单元格的乘积，以得到利润值。

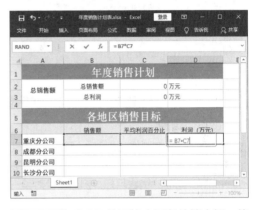

步骤 02 拖动 D7 单元格右下角的填充柄，将公式填充至整列。

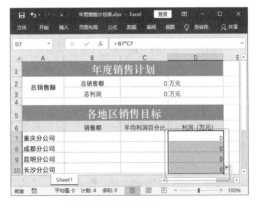

3. 初步设定销售计划

完成公式的添加后，可以在表格中设置分公司的目标销售额及其平均利润百分比，从而可以查到该计划能达到的总销售额及总利润。例如，假设各分公司均能完成 1000 万元的销售额，而平均利润百分比分别为 20%、25%、30%、35%，计算各分公司的目标利润，以及年度总销售额和总利润的操作方法如下。

将各分公司的平均利润百分比填入表格区域，即可计算出各分公司要达到的目标利润，以及年度总销售额和总利润。

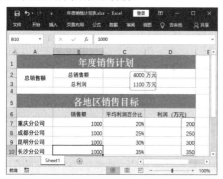

9.1.2 计算要达到目标利润的销售额

扫一扫，看视频

在制作计划时，通常以最终利润为目标，从而设定该分公司需要完成的销售目标。例如，针对某一分公司要达到的指定利润，该分公司应完成多少销售任务。在进行此类运算时，可以使用 Excel 中的"单变量求解"命令，使结果达到目标值，自动计算出公式中变量的结果。

1. 计算各分公司要达到目标利润的销售额

假设公司的总利润要达到 1600 万元，即各分公司的平均利润应达到 400 万元。为了使各分公司能达到 1600 万元的利润，则需要计算出各分公司需要达到的销售额，具体操作方法如下。

步骤01 ❶ 选择"重庆分公司"的"利润"单元格 D7；❷ 单击"数据"选项卡"预测"组中的"模拟分析"下拉按钮；❸ 在弹出的下拉菜单中选择"单变量求解"命令。

步骤02 打开"单变量求解"对话框，❶ 设置"目标值"为"400"，在"可变单元格"文本框中引用要计算结果的 B7 单元格；❷ 单击"确定"按钮。

步骤03 Excel 将自动计算出 D7 单元格的结果达到目标值 400 时，B7 单元格应达到的值。

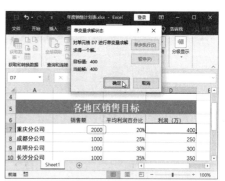

步骤04 使用相同的方式计算出各分公司利润要达到 400 万元时相应的销售额。

2. 以总利润为目标计算一个分公司的销售计划

为了使总利润可以达到 2000 万元，现需要在当前各分公司销售额不变的基础上调整成都分公司的销售目标，此时应以总利润为目标，计算成都分公司的销售额，具体操作方法如下。

步骤 01 ❶ 选择"总利润"计算结果单元格 C3；❷ 单击"数据"选项卡"预测"组中的"模拟分析"下拉按钮；❸ 在弹出的下拉菜单中选择"单变量求解"命令。

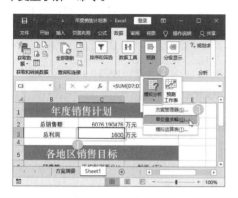

步骤 02 打开"单变量求解"对话框，❶ 设置"目标值"为"2000"，在"可变单元格"文本框中引用要计算结果的 B8 单元格；❷ 单击"确定"按钮。

步骤 03 Excel 将自动计算出 C3 单元格的结果达到目标值 2000 时，B8 单元格应该达到的值。

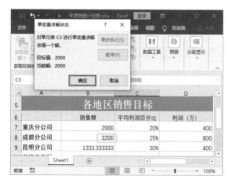

9.1.3 使用方案制订销售计划

扫一扫，看视频

在各分公司完成不同销售目标的情况下，为了查看总销售额、总利润及各分公司利润的变化情况，可以为各分公司要达到的不同销售额制订不同的方案。

1. 添加方案

要使表格中部分单元格内保存多个不同的值，可以针对这些单元格添加方案，将不同的值保存到方案中，具体操作方法如下。

步骤 01 ❶ 单击"数据"选项卡"预测"组中的"模拟分析"下拉按钮；❷ 在弹出的下拉菜单中选择"方案管理器"命令。

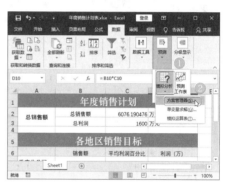

步骤 02 在打开的"方案管理器"对话框中单击"添加"按钮。

步骤 03 打开"添加方案"对话框，❶ 在"方案名"文本框中输入"销售计划 1"；❷ 单击"可变单元格"文本框右侧的 ⬆ 按钮。

可变单元格的值，完成第一个方案的添加。

步骤 04 ❶ 在工作表中选中 B7:B10 单元格区域；❷ 单击"添加方案 – 可变单元格"对话框中的 按钮。

步骤 07 返回"方案管理器"对话框，单击"添加"按钮。

步骤 05 返回"编辑方案"对话框，单击"确定"按钮。

步骤 08 ❶ 在"添加方案"对话框中设置新方案名称，并在"可变单元格"文本框中再次引用 B7:B10 单元格区域；❷ 单击"确定"按钮。

步骤 06 打开"方案变量值"对话框，单击"确定"按钮，将当前单元格中的值作为方案中各

步骤 09 ❶ 在打开的"方案变量值"对话框中设置 4 个可变单元格的值为"1500"；❷ 单击"确定"按钮，完成新方案的添加。

步骤 10 再次在"添加方案"对话框中设置新方案名称，并再次引用 B7:B10 单元格区域，单击"确定"按钮创建第三个方案。❶ 在打开的"方案变量值"对话框中分别设置 4 个值；❷ 单击"确定"按钮添加方案。

步骤 11 再次在"添加方案"对话框中设置新方案名称，并再次引用 B7:B10 单元格区域，单击"确定"按钮创建第四个方案。❶ 在打开的"方案变量值"对话框中分别设置 4 个值；❷ 单击"确定"按钮添加方案。

步骤 12 完成方案添加后，在"方案管理器"对话框的"方案"列表框中可以看到这 4 个方

案的选项。

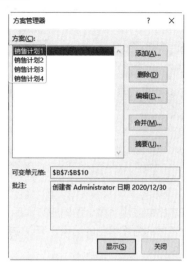

2. 查看方案求解结果

添加好方案后，要查看方案中设置的可变单元格的值发生变化后表格中数据的变化，可以单击"方案管理器"对话框中的"显示"按钮。下面以显示"销售计划 2"为例，介绍查看方案求解结果的操作方法。

步骤 01 打开"方案管理器"对话框，❶ 在"方案"列表框中选择"销售计划 2"；❷ 单击"显示"按钮。

步骤 02 在工作表中，将显示"销售计划 2"的方案求解结果，效果如下页图所示。

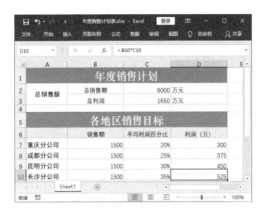

3．生成方案摘要

在表格中应用了多个不同的方案后，如果要对比不同的方案得到的结果，可以应用方案摘要。

步骤 01 打开"方案管理器"对话框，然后单击"摘要"按钮。

步骤 02 打开"方案摘要"对话框，❶ 在"结果单元格"文本框中引用单元格 C2 和 C3；❷ 单击"确定"按钮。

步骤 03 返回文档后即可看到生成的方案摘要。

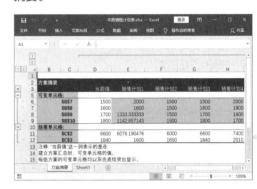

步骤 04 修改摘要报表中的部分单元格的内容，将原本为引用单元格地址的文本内容更改为对应的标题文字，并调整表格的格式，最终效果如下图所示。

9.2 制作订单管理系统

案例说明

为了合理地统计销售数据，需要将公司的订单制作成订单管理系统，其中包含了各类订单的信息，也可以单独制作退货订单、待发货订单、已发货订单等工作表。订单管理系统制作完成后，相关人员通过输入用户名和密码可以成功地打开文件，然后利用宏命令可以快速了解各类订单项目的总和数据。本案例制作完成后的效果如下图所示（结果文件参见：结果文件\第 9 章\订单管理系统 .xlsm）。

思路分析

在制作订单管理系统时，首先要将 Excel 文件保存成启用宏的文件格式，方便后期宏命令的操作，然后根据订单查询的需求，将需要重复操作的步骤录制成宏命令。完成宏命令的录制后，可以设置登录密码，保证订单管理系统的安全。本案例的具体制作思路如下图所示。

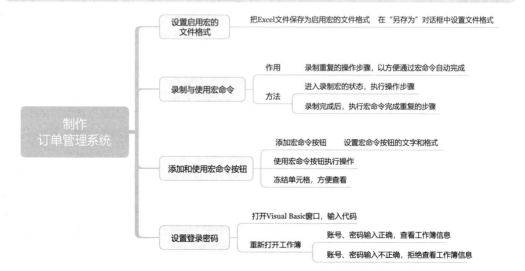

具体操作步骤及方法如下。

9.2.1 设置启用宏的文件格式

扫一扫，看视频

订单管理系统需要用到宏命令，因此该 Excel 文件需要保存成启用宏的文件格式，具体操作方法如下。

步骤 01 打开"素材文件\第9章\订单管理系统.xlsx"工作簿，单击左上方的"文件"选项卡。

步骤 02 ❶ 选择"另存为"选项；❷ 选择"这台电脑"选项；❸ 单击"浏览"按钮。

步骤 03 ❶ 在打开的"另存为"对话框中，选择文件的保存位置；❷ 输入文件名，并选择保存类型为"Excel 启用宏的工作簿（*.xlsm）"；❸ 单击"保存"按钮。

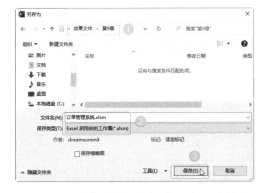

步骤 04 更改文件的保存类型后，打开文件夹，可以看到该文件的类型已经发生改变。

9.2.2 录制与使用宏命令

扫一扫，看视频

在利用 Excel 制作订单时，常常会遇到一些重复性操作。为了提高效率，可以使用 Excel 中录制宏的功能，将需要重复操作的步骤录制下来，当需要再次重复此操作时，只需要执行宏命令即可。

1. 录制自动计数的宏

在订单管理系统中，常常需要重复统计不同类型数据的总和，此时可以将求和操作录制成宏命令。方法是在录制宏的状态下进行求和操作。

步骤 01 打开 9.2.1 节保存成功的启用宏的 Excel 文件，进入"总订单"工作表中，❶ 单击选中 B41 单元格，表示要对这列数据进行求和；❷ 单击"开发工具"选项卡"代码"组中的"录制宏"按钮 🔲。

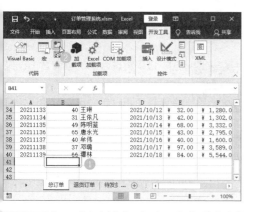

步骤 02 打开"录制宏"对话框，❶ 在"宏名"文本框中输入"自动计数"；❷ 单击"确定"按钮。

小技巧

在"快捷键"下面的文本框中按下相应的按键，可以为宏设置快捷键。

步骤 03 ❶ 单击"公式"选项卡"函数库"组中的"自动求和"下拉按钮；❷ 在弹出的下拉菜单中选择"求和"命令。

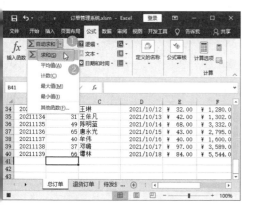

步骤 04 执行"求和"命令后，查看数据范围是否包含了该列的所有数据。如果确定公式无误，按 Enter 键完成计算。

步骤 05 如下图所示，计算出了 B 列的"订单量"总数。

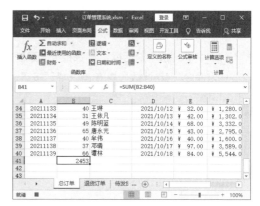

步骤 06 完成求和计算后，单击"开发工具"选项卡"代码"组中的"停止录制"按钮，完成宏的录制。

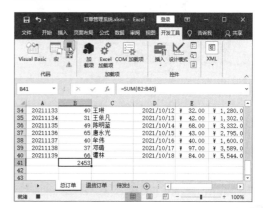

2. 执行宏命令

完成录制宏后，可以通过执行录制好的宏命令来对其他列的数据项目进行求和操作。在操作时，还可以利用事先设置的宏命令的快捷键，以提高操作效率。

步骤 01 ❶选中 F41 单元格，该列是"订单总价"列，现在需要计算所有总价的总和；❷ 单击"开发工具"选项卡"代码"组中的"宏"按钮。

步骤 02 打开"宏"对话框，❶ 选择上面录制完成的宏命令"自动计数"；❷ 单击"执行"按钮。

步骤 03 操作完成后，可以在 F41 单元格中自动进行"订单总价"列数据的求和计算。

9.2.3 添加和使用宏命令按钮

扫一扫，看视频

订单管理系统的查询者不仅仅是订单管理系统的制作者，其他查询者在查看订单时可能不知道如何操作宏命令，也不知道宏命令的操作快捷键，这时可以在订单管理系统下方添加宏命令按钮，单击该按钮，便执行相应的宏命令，以方便他人对订单管理系统的查看。

1. 添加宏命令按钮

添加宏命令按钮的方法是，在表格中添加按钮控件，再将该控件指定在录制好的宏命令上。具体操作如下。

步骤 01 ❶ 单击"开发工具"选项卡"控件"组中的"插入"下拉按钮；❷ 在弹出的下拉菜单中单击"按钮（窗体控件）"按钮□。

步骤 02 在表格下方绘制按钮控件，如下图所示。

步骤 03 按钮控件绘制完成后，会自动弹出"指

定宏"对话框，❶ 选择事先录制好的宏命令"自动计数"；❷ 单击"确定"按钮。

步骤 04 ❶ 在按钮上右击；❷ 在弹出的快捷菜单中选择"编辑文字"命令。

步骤 05 ❶ 输入新的按钮名称为"计算"，表示该按钮有计算功能；❷ 在"开始"选项卡"字体"组中设置字体样式。

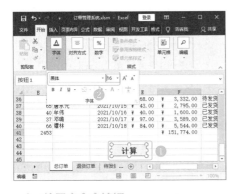

2. 使用宏命令按钮

完成宏命令按钮的添加后，可以通过单击宏命令按钮完成订单不同项目的求和操作。

步骤 01 ❶ 选中 E41 单元格；❷ 单击"计算"宏命令按钮。

步骤 02 此时在 E41 单元格中自动计算出该列数据的总和。

3. 冻结单元格以方便执行宏命令

在订单管理系统下方执行宏命令或者单击宏命令按钮时，由于订单行数太多，看不到这一行数据的字段名称，可以通过冻结窗格的操作，将表格的第 1 行单元格冻结，方便查看数据项目。

步骤 01 ❶ 选中第 1 行任意一个单元格；❷ 单击"视图"选项卡"窗口"组中的"冻结窗格"下拉按钮；❸ 在弹出的下拉菜单中选择"冻结首行"命令。

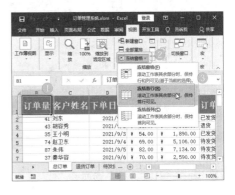

步骤 02 将表格拖动到最下面，可以看到首行单元格不会被隐藏，如此一来就可以更加方便地查看订单信息了。

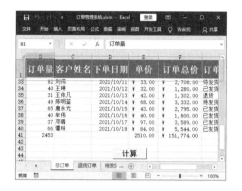

9.2.4 设置登录密码

扫一扫，看视频

完成订单管理系统的表格制作后，为了保证订单管理系统的安全，可以设置登录界面，让知道用户名和密码的公司管理人员才有资格查看订单管理系统中的数据。实现这一操作需要用到 Visual Basic 代码。

1. 设置登录代码

实现登录操作的核心在于设置登录操作的代码，具体操作方法如下。

步骤 01 因为在用户打开订单管理系统并正确输入用户名和密码前，不能显示订单信息，所以需要一个登录界面。❶ 新建"请登录"工作表；❷ 在工作表中合并单元格，并输入文字，设置文字样式。

步骤 02 在"开发工具"选项卡"代码"组中单击"Visual Basic"按钮。

步骤 03 在打开的代码窗口输入代码时，需要将用户名设置成"李军"，密码为"123456"，操作方法如下。❶ 在打开的代码窗口的左侧的"工程 –VBAProject"窗格中双击 ThisWorkbook 选项；❷ 输入以下代码：

```
Private Sub Workbook_Open()
Dim m As String
Dim n As String
Do Until m = " 李军 "
    m = InputBox(" 请登录订单管理系统，请输入您的用户名 ", " 登录 ", "")
  If m = " 李军 " Then
    Do Until n = "123456"
        n = InputBox(" 请输入您的密码 ", " 密码 ", "")
      If n = "123456" Then
        Sheets(" 请登录 ").Select
      Else
        MsgBox " 密码错误！请重新输入！ ", vbOKOnly, " 登录错误 "
      End If
    Loop
  Else
    MsgBox " 用户名错误！请重新输入！ ", vbOKOnly, " 登录错误 "
  End If
Loop
End Sub
```

❸单击左上角的"保存"按钮🖫；❹单击"关闭"按钮×。

步骤 04 返回 Excel 工作簿，单击左上方的"保存"按钮🖫，然后关闭工作簿。

2. 使用密码登录

为文件设置了登录密码后，在打开时需要正确输入用户名和密码才能成功查看订单信息，具体操作如下。

步骤 01 重新打开"订单管理系统 .xlsm"文件，❶在弹出的"登录"对话框中输入用户名"李军"；❷单击"确定"按钮。

步骤 02 在"密码"对话框中，❶继续输入密码"123456"；❷单击"确定"按钮。

步骤 03 用户名和密码都正确输入后，即可进入订单管理系统查看订单信息，效果如下图所示。

本章小结

本章通过两个综合案例，讲述了 Excel 数据分析模拟及在数据存储和计算时使用 Visual Basic 代码管理数据的方法，包括分析和查看该数据变化之后所导致的其他数据变化的结果，或对表格中的某些数据进行假设，给出多种可能性，以分析应用不同的数据时可达到的结果，以及运用宏功能录入与计算数据等知识。通过本章的学习，可以学会利用 Excel 2019 对表格数据进行常见的分析模拟和使用宏命令计算数据的方法。

使用 PPT 编辑与设计幻灯片

本章导读

PPT 是微软公司开发的演示文稿程序，可以用于商务汇报、公司培训、产品发布、广告宣传、商业演示以及远程会议等。本章以制作产品宣传与推广和项目投资策划方案演示文稿为例，介绍制作演示文稿中幻灯片的基本操作。

知识技能

本章相关案例及知识技能如下图所示。

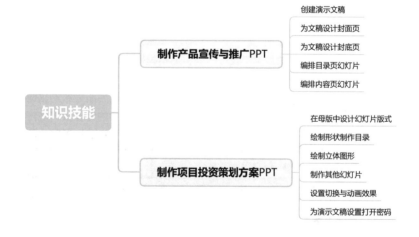

10.1　制作产品宣传与推广 PPT

案例说明

　　当公司有新品上市或者需要向客户介绍公司产品时，就需要用到产品宣传与推广 PPT。这种演示文稿包含产品简介、产品亮点、产品荣誉等内容，力图向消费者或客户展示产品好的一面。本案例制作完成后的效果如下图所示（结果文件参见：结果文件\第10章\产品宣传与推广.pptx）。

思路分析

　　当公司的销售人员或客户经理需要向消费者或客户介绍公司产品时，需要制作一份产品宣传与推广 PPT。首先应该正确创建一个 PPT 文件，再将文件的框架，即封面、底页、目录制作完成，然后将内容的通用元素提取出来制作成版式，方便后面的内容制作。本案例的具体制作思路如下图所示。

具体操作步骤及方法如下。

10.1.1 创建演示文稿

扫一扫，看视频

在制作产品宣传与推广演示文稿前，首先要用 PPT 2019 软件正确创建文档，并保存文档。

1. 新建演示文稿

打开 PPT 2019 软件，选择创建文档类型即可成功创建一个 PPT 文档。操作步骤如下。

步骤 01 ❶ 单击任务栏左侧的"开始"按钮▦；❷ 在打开的程序列表中单击 PowerPoint 选项，启动 PPT 2019。

步骤 02 可以创建空白演示文稿，也可以选择模板进行创建，这里单击"空白演示文稿"进行创建。

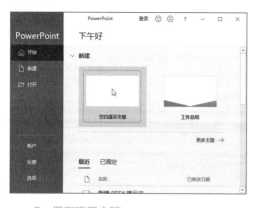

2. 保存演示文稿

创建了演示文稿后，先不要急着编排幻灯片，先正确保存文档再进行内容编排，防止内容丢失。

步骤 01 在新创建的演示文稿中单击左上方的"保存"按钮▦。

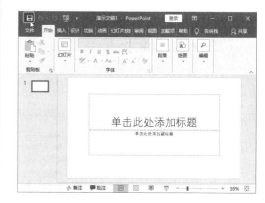

步骤 02 在打开的界面中自动定位到"另存为"选项，在右侧窗格中单击"浏览"按钮。

步骤 03 在打开的"另存为"对话框中，❶ 选择文件的保存位置；❷ 输入文件名；❸ 单击"保存"按钮。

步骤 04 操作完成后即可看到演示文稿的文件名已经更改。

10.1.2　设计封面页

封面页是演示文稿的门面，是观看者第一眼看到的内容，需要起到引人注目、突出主题的效果。

扫一扫，看视频

1. 新建幻灯片

新建的演示文稿中只有一张幻灯片，而我们往往需要使用多张幻灯片来表达需要讲解的内容，此时需要新建幻灯片。

步骤 01 ❶ 单击"开始"选项卡"幻灯片"组的"新建幻灯片"下拉按钮；❷ 选择下拉菜单中的"空白"幻灯片。

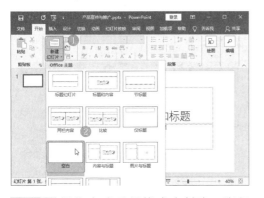

步骤 02 操作完成后便能成功创建一张幻灯片。

2. 在封面页插入图片

在封面页中可以插入图片，以美化页面。

步骤 01 选中封面幻灯片中的任意内容，按 Ctrl+A 组合键，选中所有内容，再按 Delete 键，将这些内容删除。

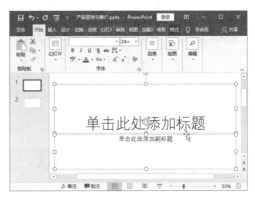

步骤 02 ❶ 单击"插入"选项卡"图像"组中的"图片"下拉按钮；❷ 在弹出的下拉菜单中选择"此设备"命令。

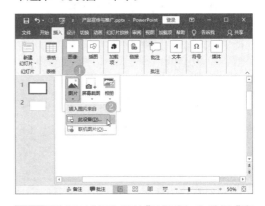

步骤 03 打开"插入图片"对话框，❶ 选择"素

材文件\第10章\1.JPG"素材图片；❷单击"插入"按钮。

步骤 04 ❶ 选中图片；❷ 单击"图片工具/格式"选项卡"大小"组中的"裁剪"下拉按钮；❸ 在弹出的下拉菜单中选择"裁剪为形状"命令；❹ 在弹出的子菜单中选择"直角三角形"选项◣。

步骤 05 裁剪完成后调整图片的大小，并将其移动到幻灯片的左下角。

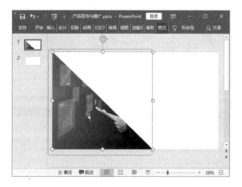

3. 绘制封面页形状

在幻灯片中插入形状，可以丰富幻灯片页面。

步骤 01 ❶ 单击"插入"选项卡"插图"组中的"形状"下拉按钮；❷ 从打开的下拉菜单中选择"矩形"选项▭。

步骤 02 按住鼠标左键，绘制一个长条矩形。

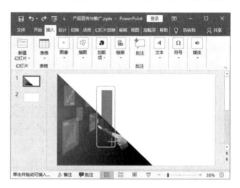

步骤 03 ❶ 选中矩形；❷ 单击"绘图工具/格式"选项卡"排列"组中的"旋转"下拉按钮◭；❸ 在弹出的下拉菜单中选择"其他旋转选项"命令。

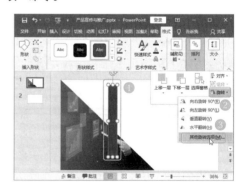

选择一种填充颜色。

小技巧

如果不需要精确旋转图形，直接按住图形上方的旋转按钮🔄，左右拖动，也可以调整图形的旋转角度。

步骤 04 打开"设置形状格式"窗格，在"旋转"文本框中输入"133°"的角度值。

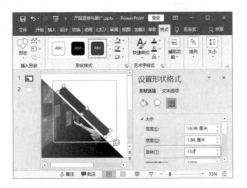

小提示

根据图片的角度不同，旋转的角度值会有一些变化，可以根据图片灵活设置。

步骤 05 ❶ 完成矩形旋转后，再绘制两个矩形，调整三个形状的位置如下图所示，先选中旋转的矩形，再选中其他两个矩形；❷ 单击"绘图工具 / 格式"选项卡"插入形状"组中的"合并形状"按钮◎▾；❸ 在打开的下拉菜单中选择"剪除"命令。

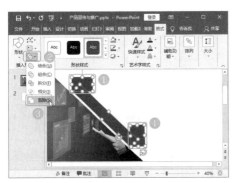

步骤 06 ❶ 完成形状裁剪后，单击"绘图工具 / 格式"选项卡"形状样式"组中的"形状填充"下拉按钮🎨▾；❷ 在打开的下拉菜单中

步骤 07 ❶ 单击"绘图工具 / 格式"选项卡"形状样式"组中的"形状轮廓"下拉按钮📐▾；❷ 从打开的下拉菜单中选择与填充颜色相同的主题颜色。

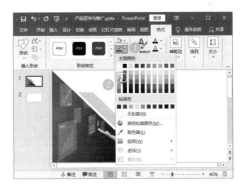

步骤 08 ❶ 复制并选中形状；❷ 单击"绘图工具 / 格式"选项卡"排列"组中的"旋转"下拉按钮；❸ 在弹出的下拉菜单中选择"垂直翻转"命令。

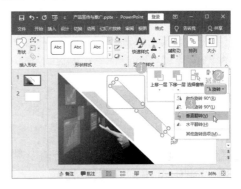

步骤 09 将复制的形状移动到幻灯片的右下角。

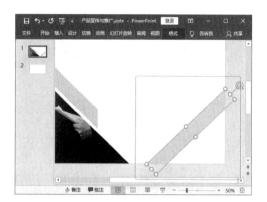

步骤 10 ❶ 单击"插入"选项卡"插图"组中的"形状"下拉按钮；❷ 在弹出的下拉菜单中选择"直角三角形"选项△。

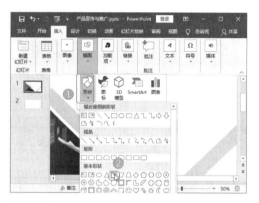

步骤 11 按住键盘上的 Shift 键绘制直角三角形，这样能保证绘制的是直角等腰三角形。

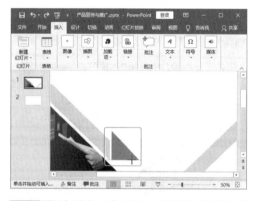

步骤 12 绘制完三角形后，将旋转值设置成180°，调整其位置到幻灯片右上角。

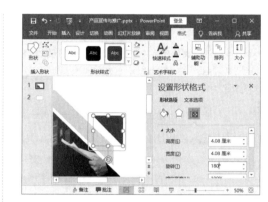

步骤 13 ❶ 单击"绘图工具／格式"选项卡"形状样式"组中的"形状填充"下拉按钮 △▾；❷ 在弹出的下拉菜单中选择"取色器"命令。

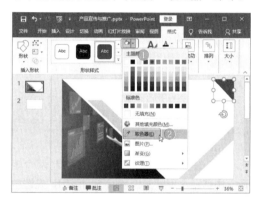

步骤 14 在图片中取色，取到的颜色将作为三角形的填充色。

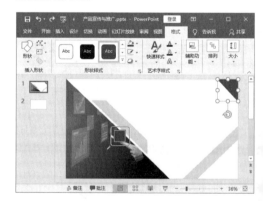

步骤 15 保持形状的选中状态，❶ 单击"绘图工具／格式"选项卡"形状样式"组中的"形状轮廓"下拉按钮 ▨▾；❷ 在弹出的下拉菜单中选择"最近使用的颜色"中上一步提取的颜色。

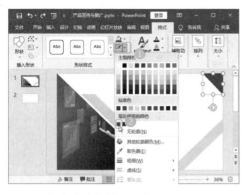

4. 插入文本框输入文字

在幻灯片中输入文字需要借助文本框，而利用文本框也可以方便地调整文字的位置，有利于幻灯片的排版。

步骤 01 ❶ 单击"插入"选项卡"文本"组中的"文本框"下拉按钮；❷ 在弹出的下拉菜单中选择"绘制横排文本框"命令。

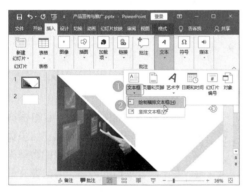

步骤 02 ❶ 在页面中绘制一个文本框，并输入文字，选中该文本框；❷ 在"开始"选项卡的"字体"组中分别设置各行文字的样式。

步骤 03 选中公司名称文本，在"开始"选项卡的"字体"组中设置字体样式。

步骤 04 ❶ 单击"开始"选项卡"段落"组中的"行和段落间距"下拉按钮 ‡⁼ ；❷ 在弹出的下拉菜单中选择"1.5"选项。

步骤 05 ❶ 将光标定位到最后一行文本中；❷ 单击"开始"选项卡"段落"组中的"右对齐"按钮 ≡ 。

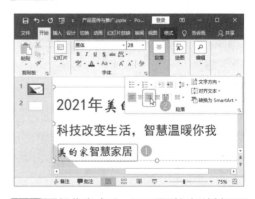

步骤 06 操作完成后，即可看到幻灯片封面页的最终效果。

10.1.3 设计封底页

扫一扫，看视频

幻灯片的封底页完全可以使用与封面页一样的内容排版，只是文字内容有所不同。这样既能提高效率，又能保证统一性。

步骤 01 ❶ 按 Ctrl+A 组合键，选中封面页中的所有内容；❷ 单击"开始"选项卡"剪贴板"组中的"复制"按钮。

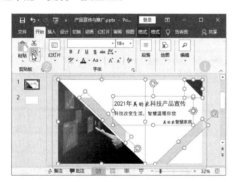

步骤 02 ❶ 进入封底页幻灯片；❷ 单击"开始"选项卡"剪贴板"组中的"粘贴"按钮。

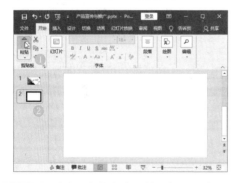

步骤 03 删除原有的文字，输入新的文字并设置文字格式。

步骤 04 ❶ 新绘制一个文本框，输入文字；❷ 设置文字的格式。此时便完成了封底页的内容编排。

10.1.4 编排目录页幻灯片

扫一扫，看视频

完成封面和封底内容的编排后，可以开始编排目录页。目录页的编排根据幻灯片中目录的数量来安排内容项目的数量，并且要充分运用幻灯片中的对齐功能，将各元素排列整齐。

步骤 01 ❶ 选中封面页；❷ 单击"开始"选项卡"幻灯片"组中的"新建幻灯片"下拉按钮；❸ 在弹出的下拉菜单中选择"空白"选项。

步骤 02 插入"素材文件 \ 第 10 章 \ 3.JPG"素材图片，裁剪为直角三角形，将其移动到幻灯片的左侧。

步骤 03 ❶ 按照前面讲过的方法，绘制一个倾斜的长条矩形，并设置矩形的样式；❷ 选择"直角三角形"选项 ◿，按住 Shift 键，绘制一个等腰直角三角形。

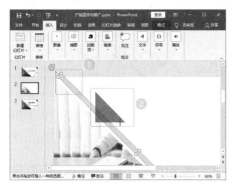

步骤 04 ❶ 调整三角形的旋转角度为 315°，并移动三角形到页面左上方；❷ 设置填充颜色和轮廓颜色为之前提取的颜色。

步骤 05 选中调整完成的三角形，按 Ctrl+D 组合键复制一个三角形，并调整两个三角形有如下图所示的位置关系。

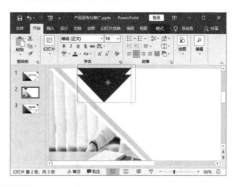

步骤 06 设置复制的三角形的填充色为"无填充"，轮廓颜色选择"白色，背景 1，深色 50%"。

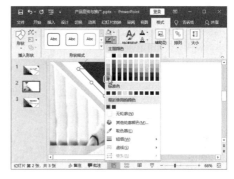

步骤 07 ❶ 单击"插入"选项卡"插图"组中的"形状"下拉按钮；❷ 从弹出的下拉菜单中选择"菱形"选项 ◇。

步骤 08 ❶ 绘制一个菱形，并连续按 Ctrl+D 组合键复制三个菱形；❷ 将四个菱形调整为大

致倾斜的排列方式，按住 Ctrl 键，同时选中四个菱形，单击"绘图工具／格式"选项卡"排列"组中的"对齐"下拉按钮；❸ 在弹出的下拉菜单中选择"纵向分布"命令。

步骤 09 ❶ 再次单击"绘图工具／格式"选项卡"排列"组中的"对齐"下拉按钮；❷ 在弹出的下拉菜单中选择"横向分布"命令。

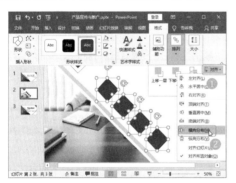

步骤 10 ❶ 选中第一个菱形；❷ 单击"绘图工具／格式"选项卡"形状样式"组中的"形状填充"下拉按钮；❸ 在弹出的下拉菜单中选择一种填充颜色。

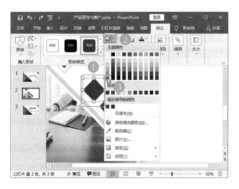

步骤 11 保持菱形的选中状态，❶ 单击"绘图工具／格式"选项卡"形状样式"组中的"形状轮廓"下拉按钮；❷ 在弹出的下拉菜单中选择"无轮廓"命令。

步骤 12 使用相同的方法为其他菱形设置填充颜色和轮廓。

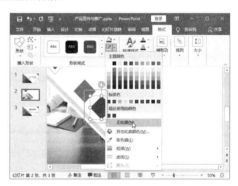

步骤 13 ❶ 右击菱形图形；❷ 在弹出的快捷菜单中选择"编辑文字"命令。

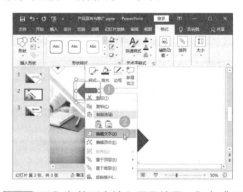

步骤 14 ❶ 在菱形中输入目录编号；❷ 在"开始"选项卡的"字体"组中设置编号的字体样式。

步骤 15 使用相同的方法为其他形状添加编号，并设置编号的字体样式。

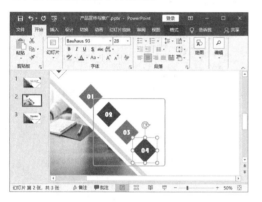

步骤 16 ❶ 在编号右侧添加文本框，输入目录文本；❷ 在"开始"选项卡"字体"组中设置字体样式。

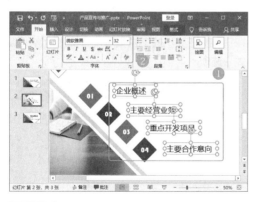

步骤 17 ❶ 在之前绘制的两个重叠的三角形上插入文本框，输入"目录"文本，调整其位置；❷ 在"开始"选项卡"字体"组中设置"目录"文本的字体样式。此时便完成了目录页幻灯片

的制作。

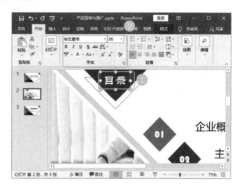

10.1.5　编排内容页幻灯片

扫一扫，看视频

在编排完目录页幻灯片后，就可以开始编排内容页幻灯片了。内容幻灯片是幻灯片中页数占比较大的幻灯片类型，因此可以将内容页幻灯片中相同的元素提取出来，制作成母版，方便后期提高制作效率以及保证幻灯片的统一性。

1. 制作内容页母版

母版相当于模板，可以对母版进行设计，在新建幻灯片时，直接选中设计好的版式就可以添加幻灯片内容，同时运用版式的样式设计。

步骤 01 单击"视图"选项卡"母版视图"组中的"幻灯片母版"按钮，进入母版视图。

🔔 小技巧

在母版视图中编辑版式时，不仅可以添加标题元素，还可以单击"插入占位符"按钮，从中选择更多种类的元素添加到版式中。

步骤 02 ❶ 在左侧窗格中选择"仅标题版式"选项；❷ 在页面中绘制两个三角形，并分别设置两个三角形的形状样式；❸ 取消勾选"幻灯片母版"选项卡"母版版式"组中的"页脚"复选框。

步骤 03 设置标题的文字格式，其中颜色为前面提取的颜色。

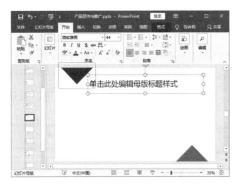

步骤 04 为了避免版式混淆，这里为版式重新命名。右击版式，选择快捷菜单中的"重命名版式"命令。

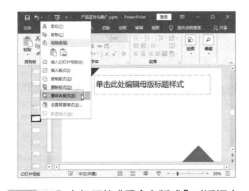

步骤 05 ❶ 在打开的"重命名版式"对话框中，输入版式的新名称；❷ 单击"重命名"按钮。

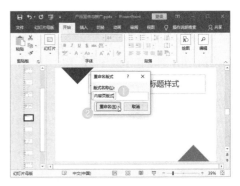

步骤 06 完成版式设计后，单击"幻灯片母版"选项卡"关闭"组中的"关闭母版视图"按钮，就可以切换回普通视图，继续编排幻灯片内容了。

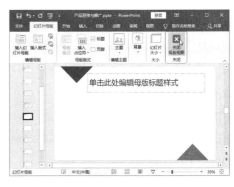

2. 应用母版制作内容页幻灯片

当完成版式设计后，可以直接新建幻灯片，进行幻灯片内容页的编排。

步骤 01 ❶ 选中第 2 张幻灯片；❷ 单击"开始"选项卡"幻灯片"组中的"新建幻灯片"下拉按钮；❸ 在弹出的下拉菜单中选择"内容页版式"选项。

步骤 02 ❶ 利用内容页版式新建幻灯片后，

页面中会自动出现版式中所有的设计内容，单击标题文本框输入内容；② 添加文本框输入文字，并设置文字样式，然后选中文本框；③ 单击"开始"选项卡"段落"组中的"对话框启动器"按钮。

步骤 03 打开"段落"对话框，① 在"缩进"选项组中设置"特殊"为"首行"，"度量值"为"2.5 厘米"；② 在"间距"选项组中设置"行距"为"1.5 倍行距"；③ 单击"确定"按钮。

小提示

根据文字字号的不同，度量值会有所区别，可以计算或多次尝试后进行设置。

步骤 04 返回幻灯片中，即可看到设置了段落格式的效果。

步骤 05 新建一张"内容页版式"幻灯片，插入"素材文件\第10章\2.JPG"素材图片，① 选中图片；② 单击"图片工具 / 格式"选项卡"大小"组中的"裁剪"下拉按钮；③ 在弹出的下拉菜单中选择"裁剪为形状"命令；④ 在弹出的子菜单中选择"椭圆"形状○。

步骤 06 保持图片的选中状态，① 单击"图片工具 / 格式"选项卡"形状样式"组中的"快速样式"下拉按钮；② 在弹出的下拉菜单中选择一种图片的样式。

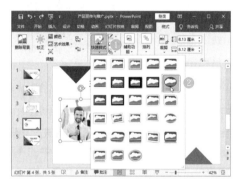

步骤 07 单击文本框，添加标题。再次添加文本框，输入文字，并分别设置文本框的轮廓颜色。

步骤 08 ❶ 新建一张"内容页版式"幻灯片；❷ 在幻灯片中间绘制一个菱形，并在形状中输入文字；❸ 在菱形的左上方绘制一个较小的菱形，并设置形状样式；❹ 单击"插入"选项卡"插图"组中的"图标"按钮。

步骤 09 打开"插入图标"对话框，❶ 选择一个图标；❷ 单击"插入"按钮。

步骤 10 ❶ 将图标拖动到菱形中，调整图标的大小与菱形重叠，选中图标；❷ 单击"图形工具／格式"选项卡"图形样式"组中的"图形填充"下拉按钮 🖊 ；❸ 在弹出的下拉菜单中选择一种填充颜色。

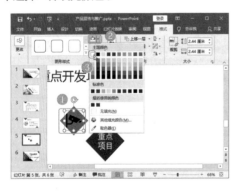

步骤 11 添加文本框，输入文字并设置文字格式。

步骤 12 使用相同的方法制作幻灯片中的其他内容。

步骤 13 使用图形、文本框和图标等元素，制作第 6 张幻灯片，即可完成演示文稿的制作。

10.2　制作项目投资策划方案 PPT

案例说明

　　项目投资策划方案是根据一定格式的内容和要求编辑并整理出的全面展示公司状况的材料，本案例将制作该类演示文稿，目的是让投资人对公司当前现状、地位、价值成本等有一个基本的了解，以便更好地进行项目定位。本案例制作完成后的效果如下图所示（结果文件参见：结果文件\第 10 章\项目投资策划方案 .pptx）。

思路分析

　　在制作项目投资策划方案时，首先要在母版视图中设计幻灯片的版式，以统一幻灯片的风格，然后通过插入图片、绘制形状、插入文本框等方法制作幻灯片的内容。在完成幻灯片内容的制作后，需要设置切换与动画效果，最后为演示文稿设置密码。本案例的具体制作思路如下图所示。

具体操作步骤及方法如下。

10.2.1 在母版中设计幻灯片版式

扫一扫，看视频

幻灯片母版是用于存储版式信息的设计模板，这些模板信息包括字形、占位符大小和位置、背景设计、配色方案等，下面讲解如何设计幻灯片版式。

步骤 01 新建并将演示文稿另存为"项目投资策划方案"，在"视图"选项卡的"母版视图"中单击"幻灯片母版"按钮。

步骤 02 ❶ 选中"仅标题"版式；❷ 使用"矩形"工具□在页面上方绘制一个矩形；❸ 在"绘图工具 / 格式"选项卡的"形状样式"组中设置形状样式。

步骤 03 ❶ 选中绘制的图形；❷ 单击"绘图工具 / 格式"选项卡"排列"组中的"下移一层"下拉按钮；❸ 在弹出的下拉菜单中选择"置于底层"命令。

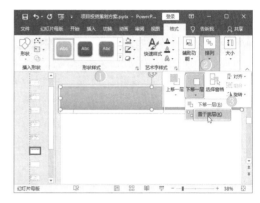

步骤 04 在页面中插入"素材文件 \ 第 10 章 \ 素材 .jpg"图片文件，更改图片大小，并移至矩形右侧。

步骤 05 ❶ 选中标题；❷ 在"开始"选项卡的"字体"组中设置标题文本框内的文字格式。

步骤 06 ❶ 单击"幻灯片母版"选项卡"背景"组中的"背景样式"下拉按钮；❷ 在弹出的下拉菜单中选择一种背景颜色。

步骤07 ❶ 选中"标题幻灯片"版式；❷ 插入"素材文件 \ 第 10 章 \ 项目投资策划方案 \ 汽车 .jpg"图片文件，并将图片裁剪至合适的大小。

步骤08 ❶ 选中图片，单击"图片工具 / 格式"选项卡"排列"组中的"下移一层"下拉按钮；❷ 在弹出的下拉菜单中选择"置于底层"命令。

步骤09 ❶ 复制"仅标题"版式中的矩形到"标题幻灯片"版式中，并调整矩形的大小；❷ 分别设置标题和副标题的文字格式。

步骤10 退出幻灯片母版，新建一张标题幻灯片，在占位符中输入标题和副标题，完成封面的制作。

10.2.2　绘制形状制作目录

扫一扫，看视频

　　目录是幻灯片的总要概况，需要简单明了地向观看者表达幻灯片中的内容。本案例使用形状来制作目录。

步骤01 ❶ 默认选择第 1 张幻灯片，单击"开始"选项卡"幻灯片"组中的"新建幻灯片"下拉按钮；❷ 在弹出的下拉菜单中选择"仅标题"选项。

步骤 02 ❶ 在标题占位符中输入"目录"文本；❷ 单击"插入"选项卡"插图"组中的"形状"下拉按钮；❸ 在弹出的下拉菜单中选择"平行四边形"选项▱。

步骤 03 在页面中绘制一个平行四边形并设置合适的主题填充。

步骤 04 再次执行插入"平行四边形"操作，在上一步绘制的平行四边形旁绘制一个新的平行四边形，设置填充色为"无填充"，填充轮廓

与上一步的轮廓颜色相同。

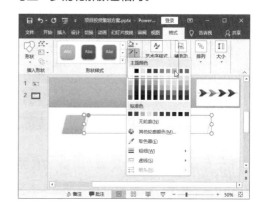

步骤 05 使用相同的方法绘制更多的平行四边形，并为其设置形状样式，然后在形状中添加目录内容。完成后的效果如下图所示。

🔔 小提示

虽然可以在形状中直接添加文字，但是为了排版方便，推荐使用文本框在形状上添加文字。

10.2.3 绘制立体图形

扫一扫，看视频

在制作演示文稿时，为了使整个演示文稿更具视觉感，需要使用概念图表，即由形状组合而成的各种立体图形。

步骤 01 ❶ 新建一张"仅标题"幻灯片，在标题占位符中输入标题文字；❷ 绘制一个菱形，将填充颜色设置为与幻灯片主题相同，设置形状轮廓为"无轮廓"。

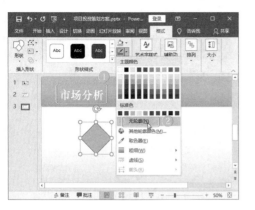

步骤 02 ① 在形状上右击；② 在弹出的快捷菜单中选择"设置形状格式"命令。

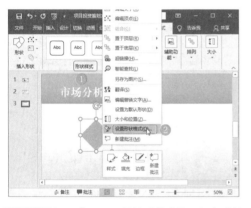

步骤 03 打开"设置形状格式"窗格，① 在"效果"选项卡的"三维格式"选项组中设置"顶部棱台"的宽度和高度均为"6 磅"；② 设置"深度"的大小为"20 磅"；③ 设置"光源"的角度为"100°"。

步骤 04 ① 在"三维旋转"选项组中设置"Y旋转"为"320°"；② 单击"关闭"按钮，关闭"设置形状格式"窗格。

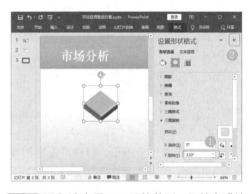

步骤 05 ① 选中置于下层的菱形；② 单击"绘图工具 / 格式"选项卡"排列"组中的"上移一层"按钮。

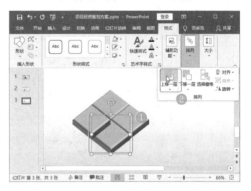

步骤 06 再次复制一个菱形，按住 Shift 键将其缩小，并放置在已有菱形上。

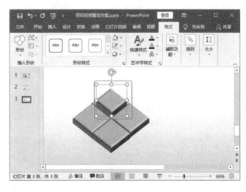

步骤 07 复制三个较小的菱形，并将其排列在底层的菱形上，然后选中置于上层的菱形，并

按照步骤 05 的方法调整图层。

合"命令。

步骤 08 ❶ 选中一个菱形，打开"设置形状格式"窗格；❷ 在"填充与线条"选项卡的"填充"选项组中选中"渐变填充"单选按钮；❸ 分别设置"渐变光圈"的渐变色。

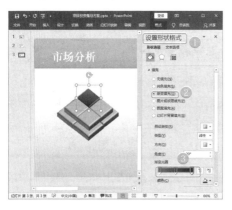

步骤 09 使用相同的方法设置其他三个菱形的渐变色。

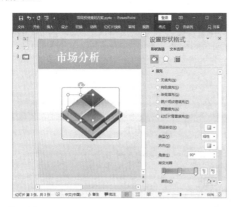

步骤 10 ❶ 选中绘制的所有形状，然后右击；❷ 在弹出的快捷菜单中依次选择"组合"→"组

步骤 11 绘制的形状将组合成一个整体，选中该组合形状，拖动形状四周的控制点调整大小。

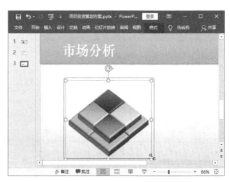

步骤 12 插入横排文本框，输入幻灯片的内容文本，并设置文本格式；❶ 使用"直线"工具在文本下方绘制一条直线；❷ 选中直线，在"绘图工具 / 格式"选项卡"形状样式"组中设置直线的颜色和粗细。

🔔 小技巧

在绘制直线时按下 Shift 键可以绘制一条水平线。

步骤 13 ❶ 选中直线，单击"绘图工具 / 格式"选项卡"形状样式"组中的"形状轮廓"下拉按钮；❷ 在弹出的下拉菜单中选择"虚线"命令；❸ 在弹出的子菜单中选择一种虚线样式。

步骤 14 ❶ 保持虚线的选中状态，单击"绘图工具 / 格式"选项卡"形状样式"组中的"形状轮廓"下拉按钮；❷ 在弹出的下拉菜单中选择一种主题颜色。

步骤 15 复制虚线到其他文本下方，并根据需要调整虚线的长度。

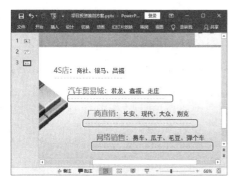

10.2.4 制作其他幻灯片

扫一扫，看视频

幻灯片大多由图形、形状、文本框等元素构成，下面介绍制作其他幻灯片的操作方法。

步骤 01 ❶ 插入"素材文件 \ 第 10 章 \ 箭头 .jpg"图片；❷ 单击"图片工具 / 格式"选项卡"图片样式"组中的"快速样式"下拉按钮；❸ 在弹出的下拉菜单中选择一种图片样式。

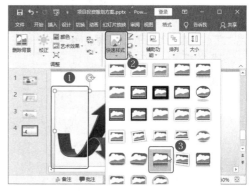

步骤 02 ❶ 插入横排文本框，输入幻灯片内容，并设置文字格式；❷ 单击"开始"选项卡"段落"组中的"行和段落间距"下拉按钮；❸ 在弹出的下拉菜单中选择"1.5"选项。

步骤 03 ❶ 单击"开始"选项卡"段落"组中的"项目符号"下拉按钮；❷ 在弹出的下拉菜单中选择"项目符号和编号"命令。

步骤 04 打开"项目符号和编号"对话框，❶ 在列表框中选择项目符号的样式；❷ 在"颜色"下拉列表中选择项目符号的颜色；❸ 单击"确定"按钮。

步骤 05 返回幻灯片中即可看到已经插入了项目符号。

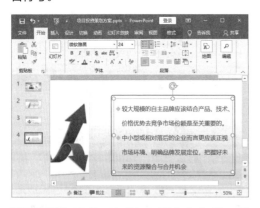

步骤 06 ❶ 新建一张"仅标题"幻灯片，并输入目录文本和内容文本；❷ 插入矩形形状，在形状中添加文字，并设置文字格式。

步骤 07 使用相同的方法制作第6、7张幻灯片。

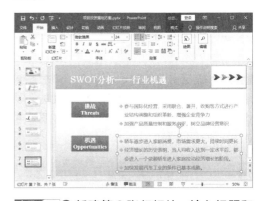

步骤 08 ❶ 新建第8张幻灯片，输入标题和内容文本；❷ 使用"半闭框"形状工具╔绘制一个如图所示的形状，并设置形状样式。

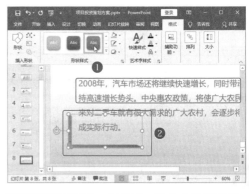

步骤 09 ❶ 复制一个形状，单击"绘图工具/格式"选项卡"排列"组中的"旋转"下拉按钮 ；❷ 在弹出的下拉菜单中选择"其他旋转选项"命令。

步骤 10 打开"设置形状格式"窗格，❶ 在"大小与属性"选项卡的"大小"组中设置"旋转"为"450°"；❷ 单击"关闭"按钮，关闭"设置形状格式"窗格。

步骤 11 在"绘图工具 / 格式"选项卡的"形状样式"组中设置形状样式。

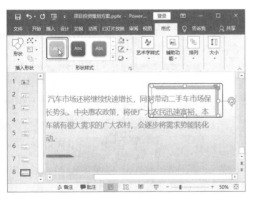

步骤 12 使用前面的方法制作第 9 张幻灯片。

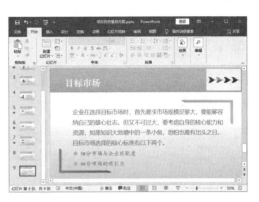

步骤 13 ❶ 在第 8 张幻灯片后插入一张"仅标题"版式的幻灯片；❷ 使用"泪滴形"工具⌒绘制一个形状，并设置形状样式为"无轮廓"。

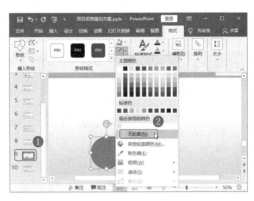

步骤 14 ❶ 单击"绘图工具 / 格式"选项卡"形状样式"组中的"形状效果"下拉按钮◌；❷ 在弹出的下拉菜单中选择"预设"命令；❸ 在弹出的子菜单中选择"预设 1"选项。

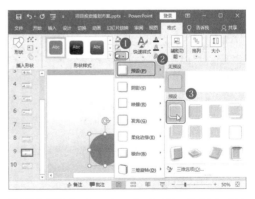

步骤 15 ❶ 复制一个泪滴形形状；❷ 单击"绘图工具 / 格式"选项卡"排列"组中的"旋转"

下拉按钮 ；❸ 在弹出的下拉菜单中选择"向右旋转 90°"命令。

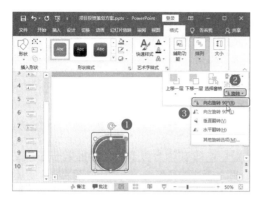

步骤 16 拖动形状到合适的位置，并更改形状的填充颜色。

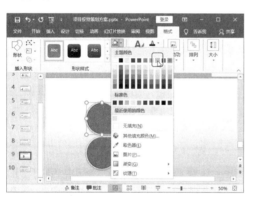

步骤 17 使用相同的方法复制并旋转两个泪滴形形状，并将其拖动到合适的位置。

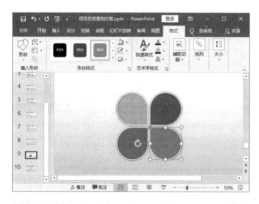

步骤 18 ❶ 选中所有形状；❷ 单击"绘图工具 / 格式"选项卡"排列"组中的"组合"下

拉按钮；❸ 在弹出的下拉菜单中选择"组合"命令。

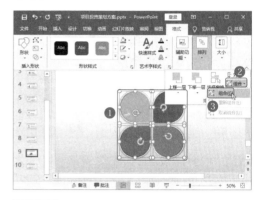

步骤 19 在形状四周绘制文本框，输入文本内容，并绘制直线连接形状与文本内容。

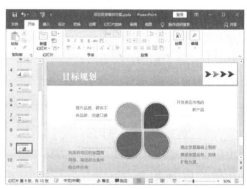

步骤 20 新建一张幻灯片制作结束页，插入文本框输入结束语，完成幻灯片的制作。

10.2.5 设置切换与动画效果

在幻灯片制作完成后，需要为其设置播放

动画，让幻灯片动起来。

步骤 01 单击"切换"选项卡"切换到此幻灯片"组中的"其他"下拉按钮。

扫一扫，看视频

步骤 02 在弹出的下拉列表中选择一种切换动画。

步骤 03 ❶ 单击"切换"选项卡"计时"组中的"声音"下拉按钮；❷ 在弹出的下拉列表中选择一种声音。

步骤 04 单击"切换"选项卡"计时"组中的"应用到全部"按钮，将切换设置应用于所有幻灯片。

步骤 05 ❶ 选择第 2 张幻灯片，选中第一条目录中的所有对象；❷ 右击，在弹出的快捷菜单中选择"组合"→"组合"命令，并使用相同的方法组合其他目录。

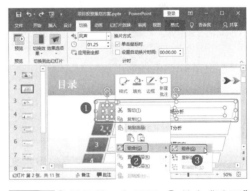

步骤 06 ❶ 选择第一条目录；❷ 单击"动画"选项卡"动画"组中的"动画样式"下拉按钮；❸ 在弹出的快捷菜单中选择一种动画样式。

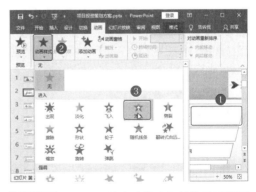

步骤 07 使用相同的方法依次为其他目录设置动画效果。

步骤 08 为所有幻灯片设置了动画效果后，单击快速访问工具栏中的"从头开始"按钮 📷，预览幻灯片。

10.2.6 设置打开密码

扫一扫，看视频

对于商业性比较强的演示文稿，为了防止内容被任意删改，可以为演示文稿设置打开密码，这样只有输入正确的密码后才可以打开该演示文稿。

步骤 01 ❶ 在"文件"选项卡中单击"信息"选项；❷ 在右侧窗格中单击"保护演示文稿"下拉按钮；❸ 在弹出的下拉菜单中选择"用密码进行加密"命令。

步骤 02 打开"加密文档"对话框，❶ 在"密码"文本框中输入要设置的密码，如"123"；❷ 单击"确定"按钮。

步骤 03 ❶ 在打开的"确认密码"对话框中再次输入密码"123"；❷ 单击"确定"按钮。

步骤 04 为演示文稿加密后，❶ 再次打开该文档时会自动打开"密码"对话框，在其中输入密码"123"；❷ 单击"确定"按钮即可打开文档。

本章小结

本章通过两个综合案例，系统地讲解了PPT 2019 的编辑与设计功能，介绍了演示文稿的创建、封面的编排、目录的制作、内容页的排版、切换与动画的设置，以及保护演示文稿的方法。通过本章的学习，可以初步掌握幻灯片的制作方法，并能熟练地使用常用的幻灯片元素来丰富幻灯片内容。

第11章

使用 PPT 设计与放映幻灯片

本章
导读

在使用幻灯片对企业进行宣传、对产品进行展示时，为了使幻灯片的内容更具吸引力，使幻灯片中的效果更加丰富，常常需要在幻灯片中添加各种动画效果。本章以制作广告媒体策划方案 PPT 和年度工作总结 PPT 为例，介绍为幻灯片设计切换效果与动画效果的方法。

知识
技能

本章相关案例及知识技能如下图所示。

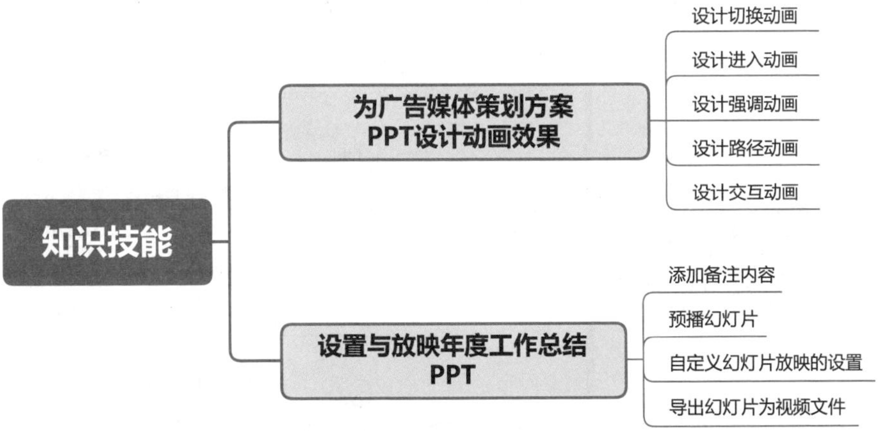

知识技能

为广告媒体策划方案
PPT设计动画效果
- 设计切换动画
- 设计进入动画
- 设计强调动画
- 设计路径动画
- 设计交互动画

设置与放映年度工作总结
PPT
- 添加备注内容
- 预播幻灯片
- 自定义幻灯片放映的设置
- 导出幻灯片为视频文件

11.1 为广告媒体策划方案 PPT 设计动画效果

案例说明

为了让一项新产品在上市之后得到消费者的认可，广告的作用必不可少。在对新产品进行广告宣传之前，需要通过充分的市场调查和对各项数据的仔细分析，通过广泛的研究与讨论，才能得到最恰当的广告媒体推广策划方案。本案例制作完成后的效果如下图所示（结果文件参见：结果文件 \ 第 11 章 \ 新品广告媒体策划 pptx.）。

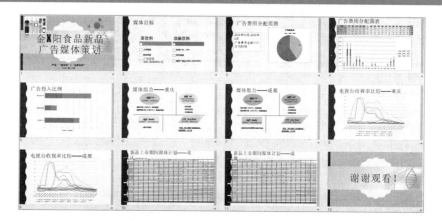

思路分析

为广告媒体策划方案 PPT 设计动画效果时，首先要为幻灯片设计切换动画，再为内容元素设计动画。内容元素的动画以进入动画为主，可以添加路径动画和强调动画作为辅助，还可以添加超链接交互动画。本案例的具体制作思路如下图所示。

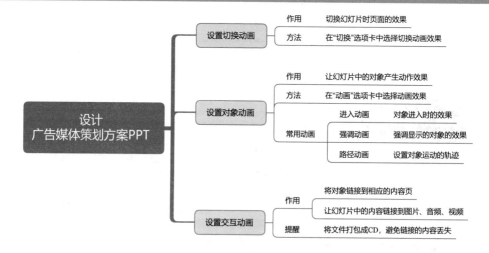

具体操作步骤及方法如下。

11.1.1　设置切换动画

在演示文稿中给幻灯片添加动画时，可以针对全部幻灯片添加切换动画及音效，该类动画是各幻灯片整体的切换过程动画。例如，本案例将针对整个演示文稿中所有幻灯片应用相同的一种幻灯片切换动画及音效，然后针对个别幻灯片应用不同的切换动画。

扫一扫，看视频

步骤 01 打开"素材文件 \ 第 11 章 \ 新品广告媒体策划 .pptx"演示文稿，单击"切换"选项卡"切换到此幻灯片"组中的"其他"按钮 。

步骤 02 在打开的下拉列表中选择一种切换方式，如"飞机"。

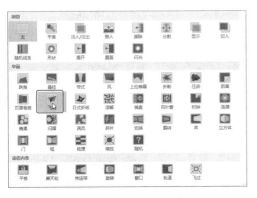

步骤 03 单击"切换"选项卡"预览"组中的"预览"按钮，可以预览切换效果。

步骤 04 ❶ 选中第 3 张幻灯片；❷ 在"切换"选项卡"切换到此幻灯片"组中选择一种切换方式。

步骤 05 ❶ 单击"切换"选项卡"切换到此幻灯片"组中的"效果选项"下拉按钮；❷ 在弹出的下拉菜单中选择一种切换效果，如"菱形"。

步骤 06 使用相同的方法为其他幻灯片设置切换效果。

11.1.2 设置进入动画

扫一扫，看视频

在制作幻灯片时，除设置幻灯片的切换动画外，常常需要对幻灯片中的内容添加不同的动画，如内容显示出来的进入动画。进入动画是幻灯片中最常用的动画，甚至很多演示文稿只需要进入动画一种效果即可满足需求。

步骤 01 ❶ 选中第1张幻灯片；❷ 选中幻灯片中的图片；❸ 单击"动画"选项卡"动画"组中的"动画样式"下拉按钮。

步骤 02 在弹出的下拉菜单中可以选择进入动画效果，如果想要更多的动画效果，可以选择"更多进入效果"命令。

步骤 03 打开"更改进入效果"对话框，❶ 在列表框中选择一种进入效果；❷ 单击"确定"按钮。

步骤 04 ❶ 单击"动画"选项卡"动画"组中的"效果选项"下拉按钮；❷ 在弹出的下拉菜单中选择动画的方向为"自底部"。

步骤 05 ❶ 在"动画"选项卡"计时"组中设置动画计时为"上一动画之后"；❷ 在下方的

数值框中设置持续时间。

步骤 06 ❶ 选中右上角最大的一个圆形；❷ 单击 "动画" 选项卡 "动画" 组中的 "动画样式" 下拉按钮；❸ 在弹出的下拉菜单中选择一种进入动画样式。

步骤 07 在 "计时" 组中设置动画的 "开始" 方式为 "上一动画之后"，并且调整 "持续时间" 和 "延迟" 参数。

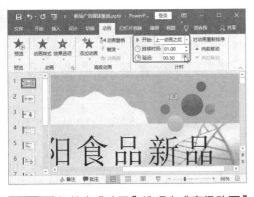

步骤 08 ❶ 单击 "动画" 选项卡 "高级动画"

组中的 "添加动画" 下拉按钮；❷ 在弹出的下拉菜单中选择一种进入动画效果。

步骤 09 在 "计时" 组中设置动画的 "开始" 方式为 "上一动画之后"，并且调整 "持续时间" 和 "延迟" 参数。

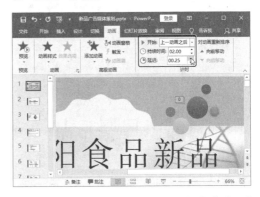

步骤 10 保持圆形的选中状态，单击 "动画" 选项卡 "高级动画" 组中的 "动画刷" 按钮。

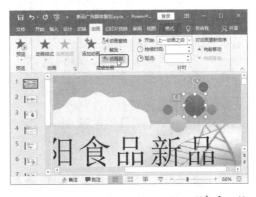

步骤 11 鼠标指针将变为刷子的形状 🖌️，将鼠标移动到左下角的圆形上单击，将最大圆形

设置好的动画复制给该圆形。

步骤 12 完成动画复制后，该圆形也被设置了动画效果，但是需要调整"计时"组的参数，如下图所示。

步骤 13 使用相同的方法为多个大小不一的圆形复制动画，并设置"计时"组的参数。

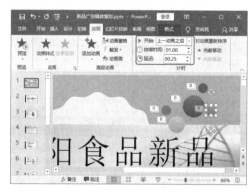

步骤 14 ❶ 选中幻灯片中的标题文本框；❷ 单击"动画"选项卡"动画"组中的"浮入"按钮，让文本框以浮入的方式进入观众视线。

步骤 15 ❶ 单击"动画"选项卡"高级动画"组中的"添加动画"下拉按钮；❷ 在弹出的下拉菜单中选择一种进入动画效果。

步骤 16 ❶ 选择下方的副标题文本框；❷ 单击"动画"选项卡"动画"组中的"飞入"按钮。

步骤 17 ❶ 单击"动画"选项卡"动画"组中的"效果选项"下拉按钮；❷ 在弹出的下拉菜单中选择一种动画效果。

步骤 18 单击"动画"选项卡"高级动画"组中的"动画窗格"按钮。

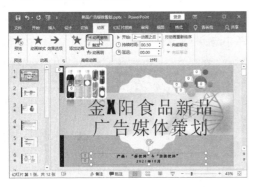

步骤 19 在打开的"动画窗格"中查看设置好的动画,如下图所示,可以看到动画按照先后顺序排列,绿色的长条代表动画的持续时间。

11.1.3 设置强调动画

强调动画是通过放大、缩小、闪烁、陀螺旋转等方式突出显示对象和组合的一种效果。在为幻灯片

扫一扫,看视频

内容设置了进入动画之后,还可以在进入动画的基础上添加强调动画及声音。

1. 添加强调动画

如果没有为内容元素设置动画,直接打开动画列表选择一种动画即可。如果内容元素本身已有动画,可以为其添加动画,让一个内容元素有两种动画效果。

步骤 01 ❶ 选中第 1 张幻灯片中最大的圆形,单击"添加动画"下拉按钮;❷ 在弹出的下拉菜单中选择一种强调动画。

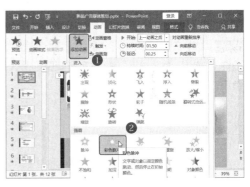

步骤 02 ❶ 在"计时"组中设置强调动画的参数;❷ 单击"动画"选项卡"高级动画"组中的"动画窗格"按钮;❸ 在打开的"动画窗格"列表中,可以看到强调动画已设置成功,标志是黄色的星形和黄色的长条。

2. 设置强调动画的声音

强调动画的作用就是为了吸引观众的注意力,可以为强调动画添加声音,增加强调效果。

步骤 01 在"动画窗格"中,选择上面设置好

的强调动画，右击，在弹出的快捷菜单中选择
"效果选项"命令。

步骤 02 ❶ 在打开的"彩色脉冲"对话框中，
选择"声音"为"鼓掌"；❷ 将音量调整到最大；
❸ 单击"确定"按钮。

步骤 03 完成添加第一个圆形的强调动画及声
音后，为其他圆形也添加"彩色脉冲"强调动画，
效果如下图所示。

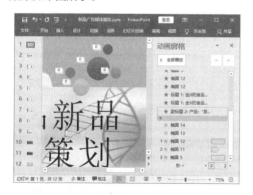

🔔 **小技巧**

　　在为其他圆形设置强调动画时，不宜再设置声
音，以免过于嘈杂。

11.1.4 设置路径动画

扫一扫，看视频

　　路径动画是让对象按照绘制的
路径运动的一种高级动画效果，可
以实现幻灯片中内容元素的运动
效果。

1. 添加路径动画

　　路径动画的添加方法与添加进入动画和强
调动画一样，只需要选择路径动画进行添加
即可。

步骤 01 ❶ 选择第 3 张幻灯片；❷ 选择左侧
的文本框，单击"动画"选项卡"动画"组中
的"动画样式"下拉按钮；❸ 在弹出的下拉菜
单中选择一种动作路径。

步骤 02 在"计时"组中设置路径动画的计时
参数，便成功地为对象添加了路径效果。

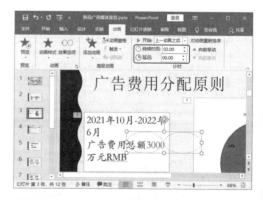

步骤 03 ❶ 选择右侧的图表；❷ 单击"动画"
选项卡"动画"组中的"动画样式"下拉按钮；
❸ 在弹出的下拉菜单中选择一种动作路径。

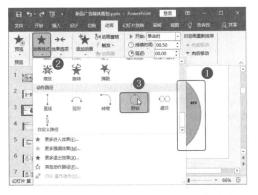

步骤 04 在"计时"组中设置参数，完成动画路径的设置。

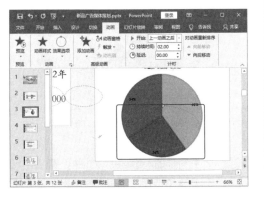

2. 调整动画顺序

完成路径动画的设置后，可以根据需要调整动画的顺序。

步骤 01 ❶ 单击"动画"选项卡"高级动画"组中的"动画窗格"按钮，打开"动画窗格"，选中要调整顺序的动画；❷ 单击"动画"选项卡"计时"组中的"向前移动"或"向后移动"按钮。

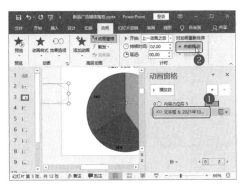

步骤 02 操作完成后即可看到动画的顺序已经更改。

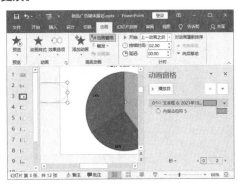

小提示

使用相同的方法，还可以为幻灯片对象设置退出动画等效果。

11.1.5 设置交互动画

扫一扫，看视频

在制作幻灯片时，可以为对象设置交互动画，即单击某个目录便跳转到相应的内容页面，也可以为内容元素添加交互动画，如单击某行文字便出现相应的图片展示。

1. 为对象添加内容页链接

如果要设置单击某一对象即跳转到另一页幻灯片，可以为其添加内容页链接。

步骤 01 ❶ 切换到第 2 张幻灯片；❷ 选中要添加链接的对象；❸ 单击"插入"选项卡"链接"组中的"链接"按钮。

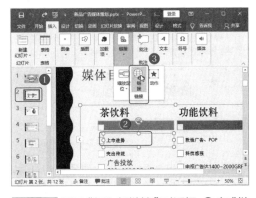

步骤 02 打开"插入超链接"对话框，❶ 在"链

接到"列表框中选择"本文档中的位置"选项；
❷ 在"请选择文档中的位置"列表框中选择要
链接的幻灯片；❸ 单击"屏幕提示"按钮。

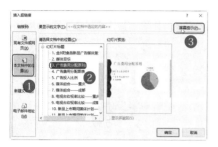

步骤 03 打开"设置超链接屏幕提示"对话框，
❶ 在"屏幕提示文字"文本框中输入屏幕提示
文字；❷ 单击"确定"按钮。

步骤 04 返回"插入超链接"对话框，单击"确
定"按钮。

步骤 05 使用相同的方法为其他幻灯片设置超
链接。

步骤 06 设置完成后，按 F5 键播放幻灯片，
将鼠标放到设置了超链接的文本框上，鼠标指
针会变成手指形状，单击这个目录就会切换到

相应的幻灯片页面。

2．为内容添加交互动画

除了可以为目录页设置交互动画外，还可以
为幻灯片中的文本框、图片、图形等元素设置交
互动画，单击这些元素时出现链接的内容。

步骤 01 ❶ 切换到第 8 张幻灯片；❷ 选中图表；
❸ 单击"插入"选项卡"链接"组中的"链接"按钮。

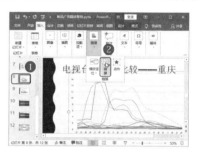

步骤 02 打开"插入超链接"对话框，❶ 在"链
接到"列表框中选择"现有文件或网页"选项；
❷ 单击"查找范围"右侧的"浏览"按钮。

步骤 03 打开"链接到文件"对话框，❶ 选择"素
材文件 \ 第 11 章 \ 重庆媒体计划 .xlsx"工作簿；
❷ 单击"确定"按钮。

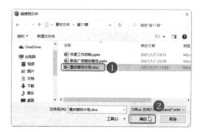

步骤 04 返回"插入超链接"对话框，❶ 在"地址"文本框中可以看到引用的文件；❷ 单击"确定"按钮。

步骤 05 完成内容元素的超链接设置后，在放映 PPT 时，将鼠标放到设置了超链接的内容上，就会出现如下图所示的效果。单击该内容，就会弹出链接好的文件。

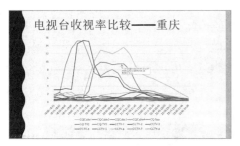

3. 打包保存有交互动画的文稿

超链接的内容不仅可以是图片，还可以是音频和视频。为了保证链接好的内容可以准确无误地打开，最好将文件打包保存，避免换一台计算机播放后，打开超链接失败。

步骤 01 ❶ 在"文件"选项卡中选择"导出"选项；❷ 选择"将演示文稿打包成 CD"选项；❸ 单击"打包成 CD"按钮。

步骤 02 ❶ 在打开的"打包成 CD"对话框中，输入文件的名称；❷ 单击"复制到文件夹"按钮。

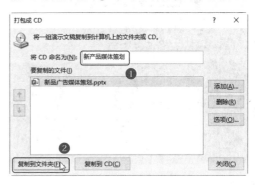

步骤 03 打开"复制到文件夹"对话框，❶ 在"位置"文本框右侧单击"浏览"按钮，设置保存位置；❷ 单击"确定"按钮。

步骤 04 含有超链接的文件在打包时会弹出如下图所示的对话框，单击"是"按钮表示打包超链接文件。

步骤 05 打包成功的文件如下图所示，其中包含了超链接用到的链接文件，将打包文件复制到其他计算机进行播放时不用担心链接文件的路径失效而影响播放效果。

11.2 设置与放映年度工作总结 PPT

案例说明

在年终的时候，公司或企业的不同部门都要进行年度工作总结，此时就需要利用年度工作总结 PPT 来汇报内容。年度工作总结 PPT 中通常包含对去年工作优点与缺点的总结，对来年工作的计划与展望。为了在年终总结大会上完美地进行演讲，需要提前在幻灯片中设置好备注内容，防止关键时刻忘词，也需要提前进行演讲排练，做足准备工作。本案例制作完成后的效果如下图所示（结果文件参见：结果文件 \ 第 11 章 \ 年度工作总结 .pptx）。

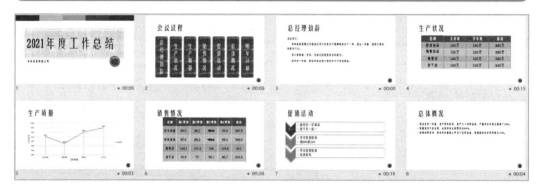

思路分析

当完成年度工作总结 PPT 的制作后，需要审视每一页内容，思考在放映这页幻灯片时需要演讲什么内容，是否有容易忘记的内容，可以将其以备注的形式添加到幻灯片中。当完成备注添加后，还要知道如何正确地播放备注和如何设置幻灯片的播放。本案例的具体制作思路如下图所示。

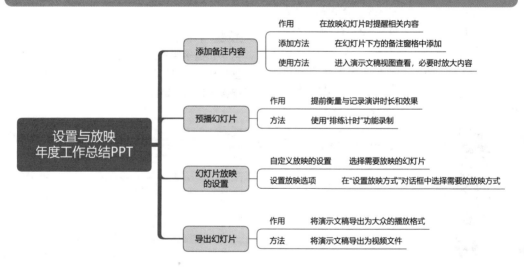

具体操作步骤及方法如下。

11.2.1　添加备注内容

在制作幻灯片时，幻灯片页面中仅仅输入了主要内容，其他内容可以添加到备注中，在演讲时作为提词用。备注最好不要长篇大论，简短的几句思路提醒、关键内容提醒即可，否则在演讲时长时间盯着备注看，会影响演讲效果。添加备注后，需要正确设置才能在演讲时正确显示备注。

扫一扫，看视频

1. 设置备注

设置备注有两种方法：短的备注可以在幻灯片下方添加，长的备注可以进入备注页视图添加。

步骤 01 打开"素材文件 \ 第 11 章 \ 年度工作总结 .pptx"演示文稿，❶ 选择需要添加备注的幻灯片；❷ 单击幻灯片下方的"备注"按钮。

步骤 02 在打开的"备注"窗格中输入备注内容。

步骤 03 如果要输入的内容太长，可以打开备注页视图，方法是：单击"视图"选项卡"演示文稿视图"组中的"备注页"按钮。

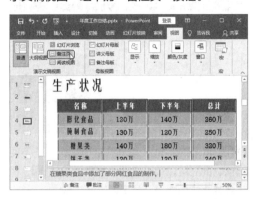

步骤 04 打开备注页视图后，在下方的备注栏中输入备注即可。

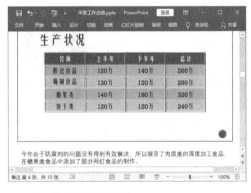

2. 放映时使用备注

输入备注后，需要进行正确的设置才能在放映时让观众看到幻灯片内容，而演讲者可以看到幻灯片及备注内容。

步骤 01 按 F5 键，进入幻灯片播放状态，在播放时右击，在弹出的快捷菜单中选择"显示演示者视图"命令。

步骤 02 进入演示者视图状态后，效果如下图所示，在界面右边显示了备注内容。

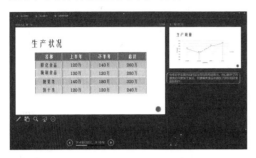

步骤 03 在放映时，备注文字可能过小不方便辨认，此时可以单击"放大文字"按钮 A，增大备注文字的字号，效果如下图所示。

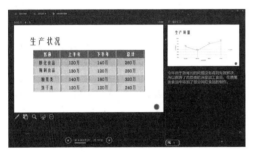

小技巧

设置备注的播放方式，还可以按下 Win+P 组合键，选择"扩展"模式，表示允许放映幻灯片的计算机屏幕与投影屏幕显示不同的内容，其效果与执行"显示演示者视图"命令的效果是一样的。

11.2.2 预播幻灯片

扫一扫，看视频

在完成演示文稿制作后，可以播放幻灯片，进入计时状态，将幻灯片放映过程中的时间长短及操作步骤录制下来，以此来回放分析演讲中的不足之处以便改进，也可以让预播完成的幻灯片自动播放。

步骤 01 单击"幻灯片放映"选项卡"设置"组中的"排练计时"按钮。

步骤 02 进入放映状态，此时界面左上方出现计时窗格，里面记录了每一张幻灯片的放映时间以及演示文稿的总放映时间。

步骤 03 在放映时，可以设置鼠标为激光笔，方便演讲者用激光笔指向重要内容。❶ 在幻灯片上右击，在弹出的快捷菜单中选择"指针选项"命令；❷ 在弹出的子菜单中选择"激光笔"命令。

小技巧

单击界面下方的笔状按钮，在打开的菜单中也可以选择笔的类型。

步骤 04 将鼠标变成激光笔后，可以用激光笔指向任何位置，效果如下图所示。

名称	上半年
膨化食品	120万
腌制食品	130万
糖果类	140万
饼干类	120万

步骤 05 如果想要使用荧光笔在界面中圈画重点内容，可以将鼠标变成荧光笔。❶ 在幻灯片上右击，在弹出的快捷菜单中选择"指针选项"命令；❷ 在弹出的子菜单中选择"荧光笔"命令。

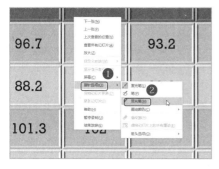

步骤 06 当鼠标变成荧光笔后，按住鼠标左键，拖动鼠标圈画重点内容，效果如下图所示。

第1季度	第2季度	第3季度
98.3	96.7	99.3
87.6	88.2	83.9
105.1	101.3	102

步骤 07 荧光笔的颜色默认为黄色，如果有需要也可以更改墨迹的颜色。❶ 在幻灯片上右击，在弹出的快捷菜单中选择"指针选项"命令；

❷ 在弹出的子菜单中选择"墨迹颜色"命令；
❸ 在弹出的颜色列表中选择需要的颜色。

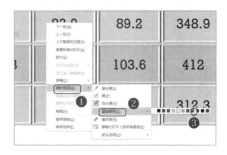

步骤 08 此时，荧光笔的颜色已经更改，如下图所示。

第2季度	第3季度	第4季
96.7	99.3	93
88.2	83.9	89
101.3	102	103

步骤 09 对于重点内容，还可以使用放大镜放大播放。在幻灯片上右击，在弹出的快捷菜单中选择"放大"命令。

步骤 10 将鼠标移到需要放大的内容区域单击。

步骤 11 被放大镜选中的区域就会放大显示，效果如下图所示。

步骤 12 当完成幻灯片所有页面的放映后，会弹出如下图所示的界面，询问是否保留在幻灯片中使用荧光笔绘制的注释，单击"保留"按钮。

步骤 13 保留注释后会弹出对话框，询问是否保留幻灯片计时，单击"是"按钮。

步骤 14 结束幻灯片放映后，单击"视图"选项卡"演示文稿视图"组中的"幻灯片浏览"按钮，此时可以看到每一张幻灯片下方都记录

了放映时长，并且用荧光笔绘制的痕迹也在。

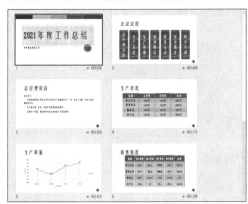

11.2.3 幻灯片放映的设置

扫一扫，看视频

在放映幻灯片的过程中，放映者可能对幻灯片的放映类型、放映选项、放映幻灯片的数量和换片方式等有不同的需求，为此，可以对其进行相应的设置。

1. 设置放映内容

在放映幻灯片时，可以自由地选择要从哪一张幻灯片开始，同时可以自由地选择要放映的内容，以及调整放映时幻灯片的顺序，具体操作如下。

步骤 01 放映幻灯片时，切换到需要开始放映的页面，单击"幻灯片放映"选项卡"开始放映幻灯片"组中的"从当前幻灯片开始"按钮，就可以从当前的幻灯片页面开始放映，而不是从头开始放映。

步骤 02 如果要自定义幻灯片的放映方式，❶ 单

击"幻灯片放映"选项卡"开始放映幻灯片"组中的"自定义幻灯片放映"下拉按钮；❷ 在弹出的下拉菜单中选择"自定义放映"命令。

步骤 03 打开"自定义放映"对话框，单击"新建"按钮。

步骤 04 打开"定义自定义放映"对话框，❶ 输入放映文件的名称；❷ 在左侧列表框中勾选要放映的幻灯片；❸ 单击"添加"按钮。

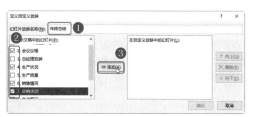

步骤 05 所选幻灯片将添加到右侧列表框中，单击"确定"按钮。

步骤 06 如果觉得幻灯片的放映顺序需要调

整，❶ 选中幻灯片；❷ 单击"向上"按钮。

步骤 07 如果觉得添加的某张幻灯片不需要放映，❶ 选中该幻灯片；❷ 单击"删除"按钮。

步骤 08 返回"自定义放映"对话框中，单击"关闭"按钮，完成幻灯片的自定义放映的设置。

步骤 09 ❶ 单击"幻灯片放映"选项卡"开始放映幻灯片"组中的"自定义幻灯片放映"下拉按钮；❷ 在弹出的下拉菜单中选择设置好的放映文件即可开始放映幻灯片。

2．设置放映方式

幻灯片的放映有多种方式，并且可以设置放映过程中的细节问题。

步骤 01 单击"幻灯片放映"选项卡"设置"组中的"设置幻灯片放映"按钮。

步骤 02 打开"设置放映方式"对话框，❶ 选择需要的放映方式；❷ 单击"确定"按钮。

11.2.4 导出幻灯片

扫一扫，看视频

将演示文稿制作成视频文件后，可以使用常用的播放软件进行播放，并能保留演示文稿中的动画、切换效果和多媒体等信息。

步骤 01 ❶ 在"文件"选项卡中选择"导出"选项；❷ 在中间窗格选择"创建视频"选项；❸ 在右侧窗格中单击"创建视频"按钮。

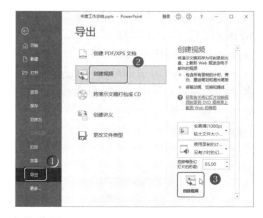

步骤 02 打开"另存为"对话框，❶ 设置文件的保存路径、文件名和保存类型；❷ 单击"保存"按钮。

步骤 03 状态栏将提示正在制作视频文件，并显示制作进度。

步骤 04 制作完成后在保存路径中打开视频，即可播放保存的视频文件。

本章小结

　　本章通过两个综合案例，系统地讲解了 PPT 2019 设计与放映幻灯片的操作方法，并进一步介绍了幻灯片的强调动画、路径动画及交互动画的设置。通过本章的学习，掌握幻灯片的动画设置技巧和放映技巧，可以轻松地丰富幻灯片的内容并熟练地放映幻灯片。

✎ 读书笔记

✏ 读书笔记

第二篇

办公技巧速查篇

第12章

Word 文字处理与排版技巧

本章导读

　　Word 是日常办公中最常用的文字处理软件，Word 的操作方法简单，很多人都可以很快上手使用。如果可以熟练地掌握一些实用技巧，通过简单的设置，可以在制作文档时提高工作效率。

知识技能

本章相关技巧应用及内容安排如下图所示。

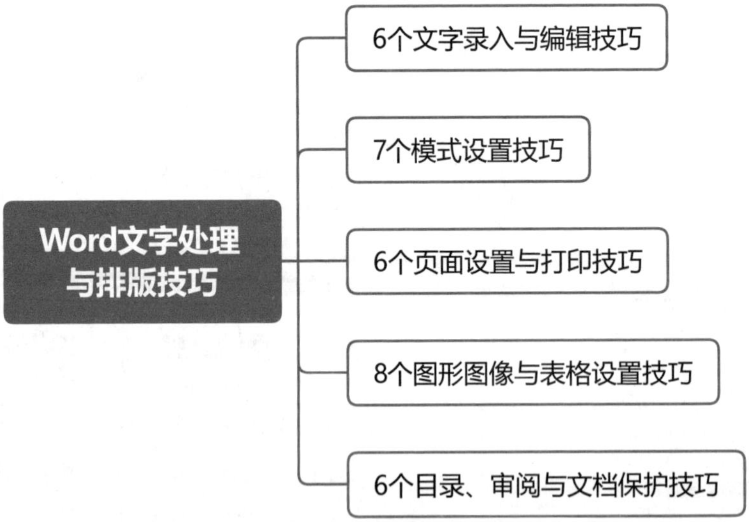

Word文字处理与排版技巧

- 6个文字录入与编辑技巧
- 7个模式设置技巧
- 6个页面设置与打印技巧
- 8个图形图像与表格设置技巧
- 6个目录、审阅与文档保护技巧

12.1 Word 录入与编辑技巧

在使用 Word 进行办公文档处理时，首先需要学会并掌握 Word 文档的基本操作技巧，以及文档内容的录入技巧，掌握这些技巧后可以更好地了解 Word 的功能并提高办公文档的录入效率，这也是高效办公的第一步。

001　输入 X^n 和 X_y 格式的内容

应用说明：

扫一扫，看视频

在创建含有化学方程式、数据公式以及科学计数法等文档时，常用到上、下标，例如要在 Word 文档中输入 X^n 和 X_y，操作方法如下。

步骤 01 ❶ 在 Word 文档中输入"Xn"，然后选中"n"；❷ 单击"开始"选项卡"字体"组中的"上标"按钮 x^2，如下图所示。

步骤 02 ❶ 在 Word 文档中输入"Xy"，然后选中"y"；❷ 单击"开始"选项卡"字体"组中的"下标"按钮 x_2，如下图所示。

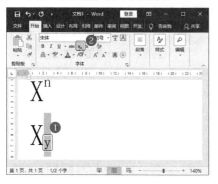

002　将数字转换为大写汉字效果

应用说明：

扫一扫，看视频

制作办公文档时，有时候需要输入大写人民币数字，例如填写收条或者收款凭证时，如果直接输入不仅速度较慢，还容易出错。此时，可以使用编号功能快速将数字转换为大写汉字效果，操作方法如下。

步骤 01 打开"素材文件\第 12 章\收据 .docx"，❶ 选中数字"196780"；❷ 切换到"插入"选项卡，在"符号"组中单击"编号"按钮，如下图所示。

步骤 02 ❶ 打开"编号"对话框，在"编号"文本框中会显示选中的数据，在"编号类型"列表框中选择"壹，贰，叁…"选项；❷ 单击"确定"按钮，如下图所示。

步骤 03 返回文档即可看到选中的数字转换为大写的汉字效果，如下图所示。

003　为汉字添加拼音

扫一扫，看视频

应用说明：

在 Word 文档中需要输入汉字拼音时，可以运用 Word 提供的拼音指南功能来为汉字自动添加拼音，操作方法如下。

步骤 01 打 开"素 材 文 件 \ 第 12 章 \ 古诗 .docx"，❶ 选中所有需要添加拼音的文字；❷ 单击"开始"选项卡"字体"组中的"拼音指南"按钮，如下图所示。

步骤 02 打开"拼音指南"对话框，❶ 在"基准文字"和"拼音文字"列表中可以看到每个字的拼音；❷ 单击"确定"按钮。

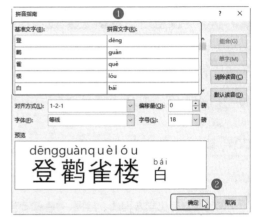

步骤 03 返回文档中即可看到已经为所有文字添加了拼音，如下图所示。

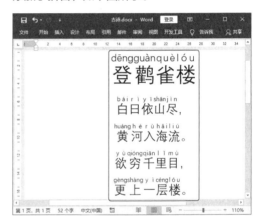

004　插入数学公式

扫一扫，看视频

应用说明：

在编辑一些专业的数学文档时，经常需要添加数学公式。此时使用 Word 中提供的插入数学公式命令及公式编辑功能，即可快速插入并编辑数学公式。

例如，在"填空题"文档中需要插入公式" $AB^2 + AC^2 + BC^2 =$ "，这与 Word 中内置的勾股定理公式的样式非常相似，可以先插入" $a^2 + b^2 = c^2$ "公式，然后对其进行编辑，直至得到需要的公式，具体操作方法如下。

步骤 01 打开"素材文件 \ 第 12 章 \ 填空题 .docx",将光标定位到要插入公式的位置,❶ 单击"插入"选项卡"符号"组中的"公式"下拉按钮;❷ 在弹出的下拉菜单中选择需要应用的内置公式样式"勾股定理",如下图所示。

步骤 02 经过上一步的操作后,即可在文档中插入"$a^2 + b^2 = c^2$"公式,如下图所示。

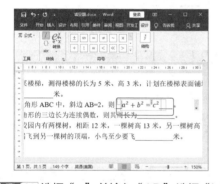

步骤 03 选择"a",并输入"AB",选择"b",并输入"AC",选择"c",并输入"BC",然后移动"="的位置到公式最后,在"AC^2"和"BC^2"之间输入"+",即可完成公式的输入,如下图所示。

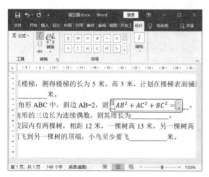

005　输入带圈字符

扫一扫,看视频

应用说明:
　　在 Word 中经常要用到一些带圈文字或数字,可以通过插入符号功能输入带圈数字,但带圈文字无法使用此方法进行输入。接下来介绍怎样输入带圈字符。

步骤 01 ❶ 在 Word 文档中输入文字,例如"审",选中文字;❷ 单击"开始"选项卡"字体"组中的"带圈字符"按钮⊕,如下图所示。

步骤 02 ❶ 打开"带圈字符"对话框,在"样式"选项组中选择合适的样式,例如选择"增大圈号"选项;❷ 在"圈号"选项组的"圈号"列表中选择合适的圈号;❸ 单击"确定"按钮,如下图所示。

步骤 03 返回文档中即可看到插入的文字变为带圈文字,如下图所示。

006 输入超大文字

扫一扫，看视频

应用说明：

在 Word 文档中，文字可以选择的最大字号为"72"号，可是在工作中经常会遇到文字使用了

"72"号仍然觉得字号太小的情况。此时，可以通过手动设置字号来输入超大字号，操作方法如下。

❶在 Word 文档中输入需要设置字号的文本，如"请勿喧哗"；❷单击"开始"选项卡"字体"组中的"字号"文本框，此时文本框处于选中状态，在文本框中输入"120"，然后按 Enter 键即可。

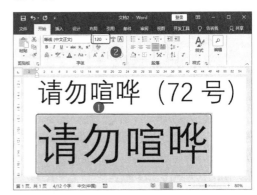

12.2 Word 样式设置技巧

文档编辑是 Word 的基本操作，在录入文本之后，可以对文档进行段落和样式设置，让文档错落有致，更具可读性。

007 将两行文字合二为一

扫一扫，看视频

应用说明：

使用 Word 中的"双行合一"功能，可以将选择的文字在一行中实现双行显示，并且这两行文字同时与其他文字在水平方向保持一致。

步骤 01 打开"素材文件＼第 12 章＼会议文件 .docx"，❶选中要设置双行合一的文字；❷单击"开始"选项卡"段落"组中的"中文版式"下拉按钮 ❖▾；❸在弹出的下拉菜单中选择"双行合一"命令，如下图所示。

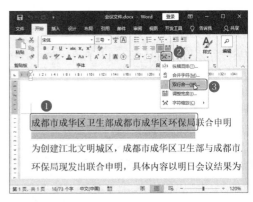

步骤 02 弹出"双行合一"对话框，❶勾选"带括号"复选框；❷在"括号样式"下拉列表中选择括号样式；❸单击"确定"按钮，如下图所示。

步骤 03 返回文档中即可看到设置双行合一的效果，如下图所示。

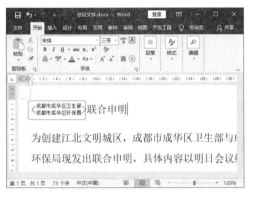

008 为文字添加红色双下画线

应用说明：

在 Word 中看到某些字、词、段落比较精彩，或需要将此部分作为重点阅读时，可以对其用下画线进行标识。默认的下画线为黑色单黑线，显得比较单调，可以通过设置为文字添加其他类型和颜色的下画线，操作方法如下。

扫一扫，看视频

步骤 01 打开"素材文件 \ 第 12 章 \ 荷塘月色 .docx"，❶ 选中要添加下画线的文字；❷ 单击"开始"选项卡"字体"组中的"下画线"下拉按钮 U ⃰ ；❸ 在弹出的下拉菜单中选择下画线样式，如下图所示。

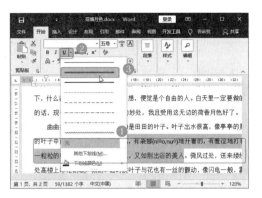

步骤 02 ❶ 保持文字的选中状态，单击"开始"选项卡"字体"组中的"下画线"下拉按钮 U ⃰ ；❷ 在弹出的下拉菜单中选择"下画线颜色"命令；❸ 在弹出的子菜单中选择"红色"，如下图所示。

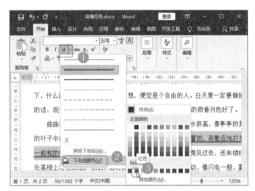

步骤 03 操作完成后即可看到添加了红色双下画线的效果，如下图所示。

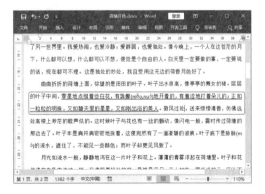

009　为重点句子加上方框

扫一扫，看视频

应用说明：

在制作各种文档时，有些重点句子需要提醒他人注意时，可以为其添加方框，使其更加醒目，操作方法如下。

步骤 01 打开"素材文件\第12章\荷塘月色.docx"，❶ 选中需要添加方框的文字（可选中多处）；❷ 单击"开始"选项卡"字体"组中的"字符边框"按钮Ⓐ，如下图所示。

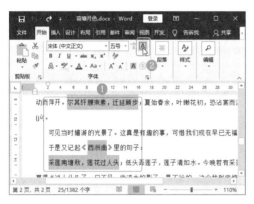

步骤 02 完成后即可看到所选文本已经添加了方框，如下图所示。

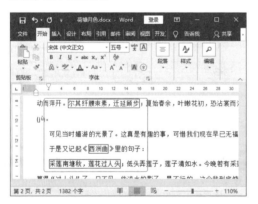

010　设置自动编号的起始值为"3"

应用说明：

默认情况下设置的自动编号都是从1开始

扫一扫，看视频

的，但在一些特殊情况下需要更改起始编号为其他值，此时可以在"起始编号"对话框中进行设置。例如，要设置自动编号的起始值为"3"，操作方法如下。

步骤 01 打开"素材文件\第12章\旅游通知.docx"，❶ 在已经添加编号的段落上右击；❷ 在弹出的快捷菜单中选择"设置编号值"命令，如下图所示。

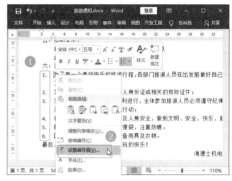

步骤 02 打开"起始编号"对话框，❶ 在"值设置为"数值框中输入起始编号"3"；❷ 单击"确定"按钮，如下图所示。

步骤 03 操作完成后即可让原有段落从"3"开始编号，如下图所示。

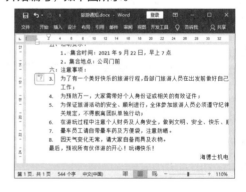

011　为文档添加特殊项目符号样式

应用说明：

扫一扫，看视频

在编辑文档时，常常需要在文档的各标题前添加项目符号，以增强文档的可用性。但项目符号库中提供的符号样式比较少，如果对已有的项目符号不满意，可以通过"定义新项目符号"功能自定义项目符号样式，操作方法如下。

步骤 01 打开"素材文件\第 12 章\旅游通知 1.docx"，❶ 选择需要添加项目符号的段落；❷ 单击"开始"选项卡"段落"组中"项目符号"的下拉按钮 ≔ ˅ ；❸ 在弹出的下拉菜单中选择"定义新项目符号"命令，如下图所示。

步骤 02 打开"定义新项目符号"对话框，单击"符号"按钮，如下图所示。

步骤 03 ❶ 打开"符号"对话框，在"字体"

列表框中选择"Wingdings"选项；❷ 在列表框中选择要作为项目符号的符号；❸ 单击"确定"按钮，如下图所示。

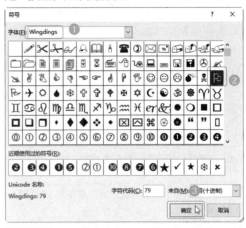

步骤 04 返回"定义新项目符号"对话框，单击"字体"按钮，如下图所示。

步骤 05 ❶ 打开"字体"对话框，在"字体颜色"下拉列表中选择项目符号的颜色为"红色"；❷ 连续单击"确定"按钮关闭对话框，如下图所示。

步骤 06 操作完成后即可看到设置项目符号的效果，如下图所示。

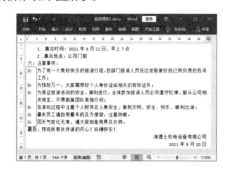

入时自动套用格式"选项卡；② 在"键入时自动应用"选项组中取消勾选"自动项目符号列表"和"自动编号列表"复选框；③ 单击"确定"按钮应用设置，如下图所示。

 小提示

直接单击"段落"组中的"项目符号"按钮，会为所选段落添加默认的项目符号。

012 关闭自动编号与项目符号列表功能

应用说明：

扫一扫，看视频

在 Word 文档中手动输入一个编号后，按 Enter 键插入下一段落时会出现自动编号。同样，在使用项目符号的段落后插入下一段落时，也会自动出现项目符号。如果不需要自动插入编号与项目符号，可以关闭该功能。具体操作方法如下。

步骤 01 打开"Word 选项"对话框，① 选择"校对"选项卡；② 在"自动更正选项"选项组中单击"自动更正选项"按钮，如下图所示。

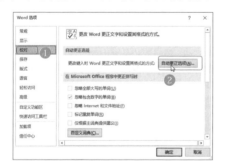

步骤 02 打开"自动更正"对话框，① 选择"键

013 通过改变字符间距来紧缩排版

应用说明：

扫一扫，看视频

在对文档进行排版的过程中，可能遇到某个段落的文本内容过多，超出了预计的宽度范围，导致该内容自动换行的情况；也可能遇到文本内容过少，不能充满预计的宽度范围。为了避免在文档中出现孤字的排版现象，可以通过改变字符间距来紧缩排版。例如，要让"员工手册"文档中避免出现孤字，具体操作方法如下。

步骤 01 打开"素材文件 \ 第 12 章 \ 员工手册 .docx"，① 选择第 4 页中要紧缩排版的文本内容，并在其上右击；② 在弹出的快捷菜单中选择"字体"命令，如下图所示。

步骤 02 打开"字体"对话框，❶ 在"高级"选项卡"字符间距"选项组的"间距"下拉列表中选择"紧缩"，在右侧的"磅值"数值框中输入"0.5 磅"；❷ 单击"确定"按钮，如下图所示。

步骤 03 操作完成后，所选文字的字符间距减少 0.5 磅，紧缩排版后该段文本显示为一行，如下图所示。

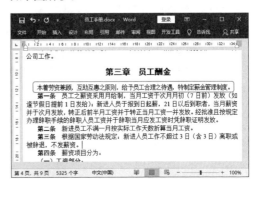

12.3 Word 页面设置与打印技巧

在日常工作中，为了较好地反映文档的页面效果，在开始编辑文档之前，应当先将页面的有关内容设置好；对于已完成的文档，可以使用打印设备打印出来，以方便阅读，提高工作效率。

014　设置文档的页边距

应用说明：

页边距是正文和页面边缘之间的距离，为文档设置合适的页边距可以使打印的文档美观。页边距包括上、下、左、右边距，如果默认的页边距不适合正在编辑的文档，可以通过设置进行修改，操作方法如下。

扫一扫，看视频

步骤 01 ❶ 单击"布局"选项卡"页面设置"组中的"页边距"下拉按钮；❷ 在弹出的下拉列表中选择内置的页边距类型；❸ 如果内置的页边距不符合使用需求，可以选择"自定义页边距"命令，如下图所示。

步骤 02 打开"页面设置"对话框，❶ 在"页边距"选项卡的"页边距"选项组中输入上、下、左、右新的边距值；❷ 单击"确定"按钮即可，如下图所示。

015 为首页设置不同的页眉和页脚

扫一扫，看视频

应用说明：

默认情况下对文档进行页眉和页脚设置后，其效果将运用于整个文档，但首页作为文档的开始，往往被赋予封面、提要等作用。此时，可以为首页设置不同的页眉和页脚。

打开"素材文件\第12章\员工手册.docx"，❶ 在页眉区域双击，激活页眉和页脚编辑模式；❷ 勾选"页眉和页脚工具／设计"选项卡"选项"组中的"首页不同"复选框。此时首页的页眉和页脚被清除，在首页重新编辑页眉和页脚后，退出页眉和页脚编辑模式，如下图所示。

小技巧

在"页眉和页脚工具／设计"选项卡的"选项"组中勾选"奇偶页不同"复选框，可以为奇偶页设置不同的页眉和页脚。

016 将文档内容分两栏排版

扫一扫，看视频

应用说明：

在制作 Word 文档时，有时需要将文档分栏排版。所谓分栏，就是将部分或整篇文档分成具有相同栏宽或不同栏宽的两栏或多栏。例如，要将整篇文档分为两栏，操作方法如下。

步骤 01 打开"素材文件\第12章\荷塘月色.docx"，❶ 选择正文文档；❷ 单击"布局"选项卡"页面设置"组中的"栏"下拉按钮；❸ 在弹出的下拉菜单中选择"两栏"命令，如下图所示。

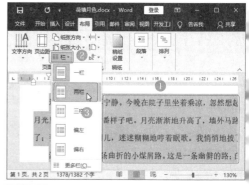

步骤 02 操作完成后即可看到所选文档分为两栏显示，如下图所示。

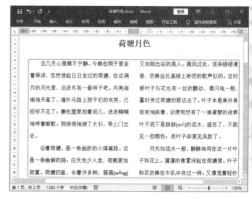

017　打印文档页面中的部分内容

应用说明：

扫一扫，看视频

某些情况下，可能需要选择打印文档的部分内容，例如一段或一页等。下面介绍怎样打印文档页面中的部分内容。

步骤 01 打开"素材文件\第12章\荷塘月色 .docx"，❶ 选中需要打印的内容；❷ 单击"文件"选项卡，如下图所示。

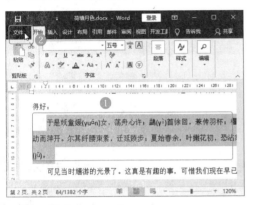

步骤 02 ❶ 在弹出的下拉菜单中选择"打印"选项；❷ 在"打印"界面单击"设置"选项组中的"打印所有页"下拉按钮，在弹出的下拉列表中选择"打印选定区域"选项；❸ 单击"打印"按钮，如下图所示。

018　双面打印文档

扫一扫，看视频

应用说明：

默认情况下，打印出来的文档都是单面的，为了节约纸张，可以进行双面打印。

进入"打印"界面，❶ 在"设置"选项组中单击"单面打印"下拉按钮，在弹出的下拉列表中选择"双面打印"选项；❷ 单击"打印"按钮，如下图所示。

🔔 小提示

使用手动双面打印功能后，打印时自动打印奇数页，待奇数页打印完成后，手动将纸张翻页，再重新放入，会在页面的背面打印偶数页。

019　将多页文档打印到一页上

扫一扫，看视频

应用说明：

为了节省纸张或者携带方便，可以将文档的多个页面缩至一页，操作方法如下。

❶ 进入"打印"界面，在"设置"选项组中单击"每版打印1页"下拉按钮，在弹出的下拉列表中选择相应的版数，例如选择"每版打印16页"选项；❷ 单击"打印"按钮即可，如下图所示。

12.4 Word 图片、图形与表格设置技巧

在制作文档时，在文档中插入图片不仅能美化文档，还能让人更直观地了解文档中的内容，加深理解。在文档中使用表格可以将各种复杂的多列信息简明扼要地表达出来。本节将介绍在 Word 中使用图片、图形和表格的技巧。

020 调整图片的亮度和对比度

扫一扫，看视频

应用说明：
插入图片后，如果对图片的亮度和对比度不满意，可以进行简单处理。

步骤 01 打开"素材文件 \ 第 12 章 \ 公司简介 .docx"，❶ 选中图片，单击"图片工具 / 格式"选项卡"调整"组中的"校正"下拉按钮；❷ 在弹出的下拉列表中选择合适的亮度和对比度，如下图所示。

步骤 02 操作完成后，可以看到图片的亮度和对比度已经更改，如下图所示。

021 更改图片的颜色

扫一扫，看视频

应用说明：
为了使文档的排版更加协调，有时需要更改文档中插入图片的颜色。

步骤 01 打开"素材文件 \ 第 12 章 \ 公司简

介 .docx"，❶ 选中图片，单击"图片工具 /格式"选项卡"调整"组中的"颜色"下拉按钮；❷ 在弹出的下拉列表中选择一种颜色，如下图所示。

步骤 02 操作完成后，可以看到图片颜色已经更改，如下图所示。

🔔 小技巧

在"图片工具 / 格式"选项卡的"调整"组中，单击"艺术效果"下拉按钮，可以为图片设置艺术效果，如图画刷、粉笔素描、马赛克气泡等。

022　绘制水平线

应用说明：

在绘制线条时，如果没有标尺，很容易偏离水平线。如果要快速绘

扫一扫，看视频

制水平线，可以用快捷键辅助绘制。

步骤 01 ❶ 单击"插入"选项卡"插图"组中的"形状"下拉按钮；❷ 在弹出的下拉列表中选择"直线"工具＼，如下图所示。

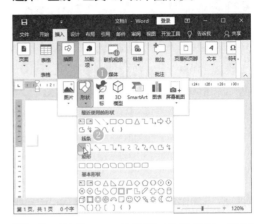

步骤 02 按住 Shift 键的同时拖动鼠标，即可在文档的相应位置绘制一条水平线，如下图所示。

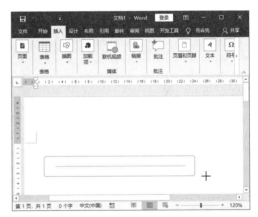

023　更改箭头样式

应用说明：

在文档中插入了线条，或者带有箭头的线条后，如果对箭头的样式不满意，可以随意更改。

扫一扫，看视频

步骤 01 ❶ 选中线条，单击"绘图工具 / 格式"选项卡"形状样式"组中的"形状轮廓"下拉

按钮 ✏ ▾；❷ 在弹出的下拉菜单中选择"箭头"命令；❸ 在弹出的子菜单中选择一种箭头样式，如下图所示。

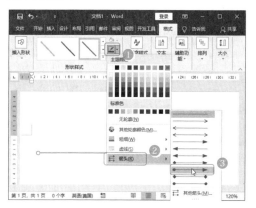

步骤 02 操作完成后，可以看到直线已经更改为箭头样式，如下图所示。

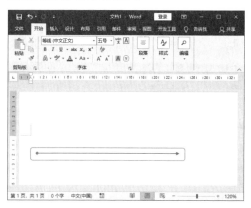

024 利用内置模板创建表格

扫一扫，看视频

应用说明：

如果想创建包含格式的表格，可以使用表格模板插入一组预先设置好格式的表格。表格模板包含示例数据，有助于用户想象添加数据后表格的外观。

步骤 01 ❶ 将光标定位到要插入表格的位置，单击"插入"选项卡"表格"组中的"表格"下拉按钮；❷ 在弹出的下拉菜单中选择"快速

表格"命令；❸ 在弹出的子菜单中选择一种内置样式，如下图所示。

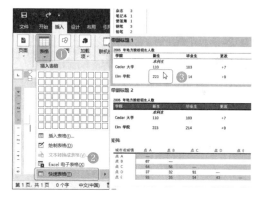

步骤 02 模板中包含示例数据，如下图所示，可以删除数据，然后重新输入。

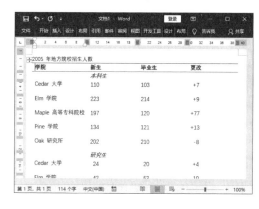

025 制作斜线表头

扫一扫，看视频

应用说明：

在制作表格时，经常会用到斜线表头，此时，使用边框线绘制非常简单。在绘制边框线时，默认线条格式为"黑色，0.5 磅"，有需要时还可以自定义线条的颜色和粗细。

例如，要为表格绘制一条"深红，1.0 磅"的斜线表头，具体操作方法如下。

步骤 01 打开"素材文件\第 12 章\第 4 季度销售情况.docx"，❶ 将光标定位到需要绘制斜线表头的单元格中；❷ 单击"表格工具 /

设计"选项卡"边框"组中的"笔颜色"下拉按钮；❸ 在弹出的下拉列表中选择"深红"选项，如下图所示。

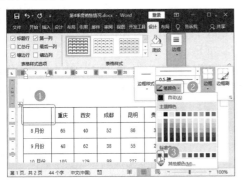

步骤 02 在"表格工具/设计"选项卡"边框"组的"笔画粗细"下拉列表中选择"1.0 磅"，如下图所示。

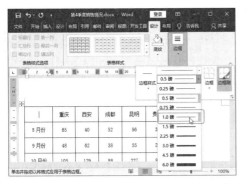

步骤 03 ❶ 单击"表格工具/设计"选项卡"边框"组中的"边框"下拉按钮；❷ 在弹出的下拉菜单中选择"斜下框线"选项，如下图所示。

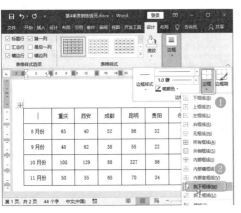

步骤 04 操作完成后，可以看到所选单元格已经添加了斜线表头，如下图所示。

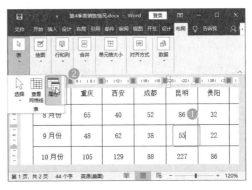

026 让文字自动适应单元格

扫一扫，看视频

应用说明：

在制作表格时，有时候需要调整字符间距，使文字能够充满整个单元格，或者需要固定列宽，某个单元格中输入的文字较多时，也可以调整文字的字号以适应表格的大小。

如果要让单元格中的内容自动适应单元格大小，具体操作方法如下。

步骤 01 打开"素材文件\第 12 章\第 4 季度销售情况 .docx"，❶ 将光标定位到表格的任意单元格中；❷ 单击"表格工具/布局"选项卡"表"组中的"属性"按钮，如下图所示。

步骤 02 打开"表格属性"对话框，在"单元格"选项卡中单击"选项"按钮，如下图所示。

步骤 03 ❶ 打开"单元格选项"对话框，勾选"适应文字"复选框；❷ 单击"确定"按钮完成设置，如下图所示。

027　重复表格标题

应用说明：

如果表格行数较多，表格会以跨页的形式

出现，但是跨页的内容是紧接上一页的内容显示，不包含标题，这会对阅读下一页的表格内容造成一定的麻烦。此时，可以通过重复表格标题的方法在跨页后的表格中自动添加标题，操作方法如下。

打开"素材文件＼第12章＼第4季度销售情况.docx"，❶ 将光标定位到标题行的任意单元格中；❷ 单击"表格工具／布局"选项卡"数据"组中的"重复标题行"按钮，如下图所示。

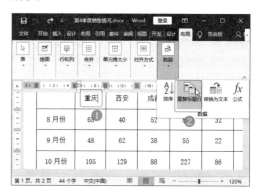

🔔 **小提示**

在表格的后续页上不能对标题行进行修改，只能在第一页对其修改，修改后的结果会实时反映在后续页面中。

12.5　目录、审阅和保护技巧

一篇文档制作完成后，经常需要为文档制作目录，还可以使用自动校对拼写和语法功能对文档进行审阅。在修改他人的文档时，为了便于沟通交流，可以启动 Word 的审阅修订模式。为了保证文档的安全，还需要设置密码以保护文档。

028　根据样式提取目录

应用说明：

目录大多是根据大纲级别提取的，如果需要通过样式提取目录，可以使用以下方法来完成。

扫一扫，看视频

步骤 01 打开"素材文件\第 12 章\责任事故管理 .docx"，❶ 将光标定位到需要插入目录的位置，单击"引用"选项卡"目录"组中的"目录"下拉按钮；❷ 在弹出的下拉菜单中选择"自定义目录"命令，如下图所示。

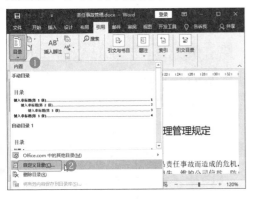

步骤 02 打开"目录"对话框，在"目录"选项卡中单击"选项"按钮，如下图所示。

步骤 03 ❶ 在打开的"目录选项"对话框中勾选"样式"复选框；❷ 在"目录级别"列表框中设置目录级别，不提取的目录样式后保持空白；❸ 单击"确定"按钮，如下图所示。

步骤 04 返回"目录"对话框，单击"确定"按钮退出，返回文档中即可看到已经按样式提取目录，如下图所示。

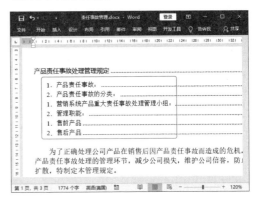

029　设置目录与页码间的前导符样式

扫一扫，看视频

应用说明：

目录的前导符默认为点状横线，如果要更改其样式，操作方法如下。

打开"目录"对话框，❶ 在"目录"选项卡的"制表符前导符"下拉列表中选择一种前导符样式；❷ 单击"确定"按钮即可，如下图所示。

030 为文档添加内置封面

扫一扫，看视频

应用说明：

文档制作完成后，可以为其添加封面，如果没有足够的时间设计封面，插入 Word 的内置封面也是不错的选择，操作方法如下。

步骤 01 打开"素材文件\第12章\员工手册.docx"，❶ 将光标定位到文档的第一页，单击"插入"选择卡"页面"组中的"封面"下拉按钮；❷ 在弹出的下拉菜单中选择一种封面样式，如下图所示。

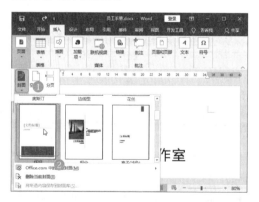

步骤 02 返回文档中即可发现已经插入封面，并预留了标题占位符，在主标题、副标题和作者文本框中输入相应的文字即可，如下图所示。

小技巧

封面中如果有不想保留的控件，可以右击控件，在弹出的快捷菜单中选择"删除内容控件"命令删除控件。

031 锁定修订功能

扫一扫，看视频

应用说明：

选择"锁定修订"命令开启修订功能后，如果想要关闭该功能，只需再次选择"锁定修订"命令即可。如果锁定了修订功能，在没有解除锁定之前，审阅者对文档做出的每一个修改都会在文档中标记出来。

步骤 01 打开"素材文件\第12章\员工手册.docx"，❶ 单击"审阅"选项卡"修订"组中的"修订"下拉按钮；❷ 在弹出的下拉菜单中选择"锁定修订"命令，如下图所示。

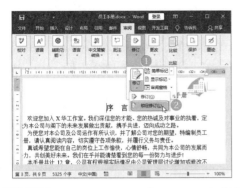

步骤 02 ❶ 打开"锁定修订"对话框，在"输入密码"和"重新输入以确认"文本框中两次输入密码；❷ 单击"确定"按钮即可锁定修订，如下图所示。

步骤 03 ❶ 如果要解除锁定修订功能，可以在"修订"下拉菜单中再次选择"锁定修订"命令，在弹出的"解除锁定跟踪"对话框的"密码"文本框中输入密码；❷ 单击"确定"按钮，如下图所示。

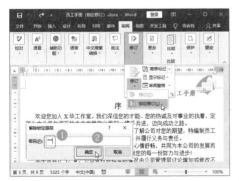

032　自动更正错误词组

应用说明：

在撰写稿件或文章时，难免会写错一些词

扫一扫，看视频

组，比如"出类拔萃"容易写成"出类拔粹"。为了防止发生这种问题，可以利用 Word 的自动更正功能。

步骤 01 打开"Word 选项"对话框，在"校对"选项卡的"自动更正选项"选项组中单击"自动更正选项"按钮，如下图所示。

步骤 02 打开"自动更正"对话框，❶ 在"自动更正"选项卡的"替换"和"替换为"文本框中分别输入文本"出类拔粹"和"出类拔萃"；❷ 单击"添加"按钮，如下图所示。

步骤 03 此时即可将其添加到下方的列表框中，如下图所示。依次单击"确定"按钮，关闭对话框。当在文档中输入"出类拔粹"时，系统会自动更正为"出类拔萃"。

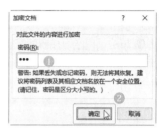

小提示

如果不想让他人更改文档中的内容，仅可以查看文档，可以将文档以只读方式打开。方法是：在"文件"选项卡的"信息"界面中单击"保护文档"下拉按钮，在弹出的下拉菜单中选择"始终以只读方式打开"命令。

步骤 02 打开"加密文档"对话框，❶ 在"密码"文本框中输入密码；❷ 单击"确定"按钮，如下图所示。

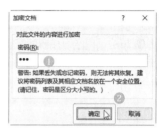

步骤 03 打开"确认密码"对话框，❶ 在"重新输入密码"文本框中输入密码；❷ 单击"确定"按钮，如下图所示。

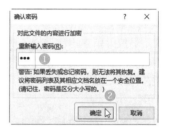

033 为文档设置打开密码

扫一扫，看视频

应用说明：

默认情况下，双击 Word 文件即可打开文档。如果文档中记录了重要信息，可以为文档设置打开密码。打开文档时，必须输入正确的密码。

步骤 01 打开"素材文件\第12章\重要通知.docx"文档，❶ 切换到"信息"选项卡；❷ 在"信息"界面单击"保护文档"下拉按钮；❸ 在弹出的下拉菜单中选择"用密码进行加密"命令，如下图所示。

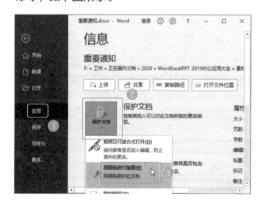

步骤 04 再次打开文档时，会弹出"密码"对话框，❶ 在文本框中输入密码；❷ 单击"确定"按钮才可以打开文档，如下图所示。

第章

Excel 电子表格与数据处理技巧

本章
导读

Excel 是一款用于处理、分析数据的办公软件,广泛应用于财务、统计、金融及其他日常工作的事务管理中,功能十分强大。但是,一些实用的 Excel 使用技巧可能用户并不了解,熟悉并掌握一些实用技巧,可以让数据处理得更加简单、快捷,从而提高工作效率。

知识
技能

本章相关技巧应用及内容安排如下图所示。

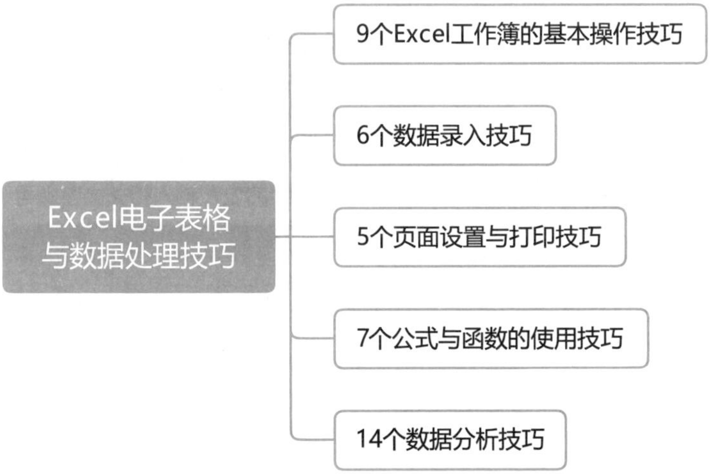

Excel电子表格
与数据处理技巧

- 9个Excel工作簿的基本操作技巧
- 6个数据录入技巧
- 5个页面设置与打印技巧
- 7个公式与函数的使用技巧
- 14个数据分析技巧

13.1 Excel 工作簿、工作表及行与列的管理技巧

在使用 Excel 分析数据时，首先需要学会并掌握工作簿、工作表及行与列的相关操作技巧，使用这些技巧可以使工作达到事半功倍的效果。

034 使用模板快速创建工作簿

扫一扫，看视频

应用说明：

Excel 自带许多模板，利用这些模板，可以快速地创建各种类型的工作簿，操作方法如下。

步骤 01 ❶ 启动 Excel 2019，切换到"新建"选项卡，在右侧的窗格中将显示程序自带的模板缩略图预览；❷ 可以直接在列表框中单击需要的模板选项，也可以搜索联机模板——在搜索框中输入关键字，单击"开始搜索"按钮 🔍，如下图所示。

步骤 02 在搜索结果中选择需要的模板，如下图所示。

🔔 **小提示**

如果要在 Excel 2019 中使用模板创建工作簿，需要在 Excel 工作窗口中单击"文件"选项卡，在弹出的界面中选择"新建"选项，在中间窗格中选择模板创建工作簿即可。

步骤 03 在打开的窗口中可以查看模板的缩略图，如果确定使用，单击"创建"按钮，如下图所示。

步骤 04 若选择的是未下载过的模板，系统会自行下载模板。下载完成后，Excel 会基于所选模板自动创建一个新工作簿。此时可发现基本内容、格式和统计方式基本上编辑好了，在相应的位置输入相关内容即可，如下图所示。

035 防止工作簿结构被修改

应用说明：

在 Excel 中，可以通过"保护工作簿"功能保护工作簿的结构，以防止其他用户随意进行增加或删除工作表、复制或移动工作表、将隐藏的工作表显示出来等操作。

扫一扫，看视频

步骤 01 打开"素材文件\第13章\员工工资表 .xlsx"，在"审阅"选项卡单击"保护"组中的"保护工作簿"按钮，如下图所示。

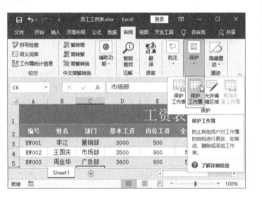

步骤 02 弹出"保护结构和窗口"对话框，❶ 勾选"结构"复选框；❷ 在"密码"文本框中输入密码"123"；❸ 单击"确定"按钮，如下图所示。

步骤 03 弹出"确认密码"对话框，❶ 再次输入密码"123"；❷ 单击"确定"按钮，如下图所示。

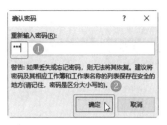

步骤 04 返回工作簿，保存文档。保护工作簿结构后，在工作表标签处右击时，在弹出的快捷菜单中大部分命令将变为灰色（不可用状态），如下图所示。

🔔 小提示

如果要取消工作簿的保护状态，再次单击"审阅"选项卡"保护"组中的"保护工作簿"按钮，在弹出的"撤销工作簿保护"对话框中输入正确密码后即可。

036 凭密码编辑工作表的不同区域

应用说明：

Excel 的"保护工作表"功能默认情况下作用于整个工作表，如果用户希望工作表中有一部分区域可以被编辑，可以为工作表中的某个区域设置密码，需要编辑时输入密码即可，操作方法如下。

扫一扫，看视频

步骤 01 打开"素材文件\第13章\员工工资表 .xlsx"，❶ 选择需要凭密码编辑的单元格区域；❷ 切换到"审阅"选项卡；❸ 单击"保护"

组中的"允许编辑区域"按钮，如下图所示。

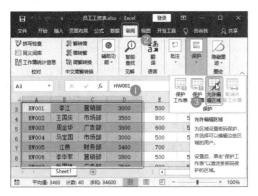

步骤 02 弹出"允许用户编辑区域"对话框，单击"新建"按钮，如下图所示。

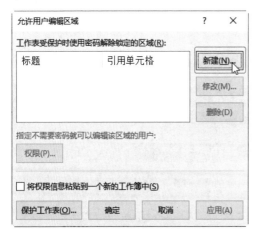

步骤 03 ❶ 弹出"新区域"对话框，在"区域密码"文本框中输入密码；❷ 单击"确定"按钮，如下图所示。

步骤 04 ❶ 弹出"确认密码"对话框，再次输入密码；❷ 单击"确定"按钮，如下图所示。

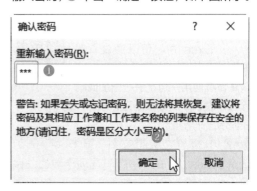

步骤 05 返回"允许用户编辑区域"对话框，单击"保护工作表"按钮，如下图所示。

步骤 06 弹出"保护工作表"对话框，单击"确定"按钮即可保护选择的单元格区域，如下图所示。

步骤 07 ❶ 在 A3:D12 单元格区域修改单元格中的数据；❷ 弹出"取消锁定区域"对话框，输入密码；❸ 单击"确定"按钮，如下图所示。

037　一次性插入多个工作表

应用说明：

在编辑工作簿时，经常会插入新的工作表来处理各种数据。通常情况下，单击工作表标签右侧的"新工作表"按钮⊕，即可在当前工作表的右侧快速插入一个新工作表。除此之外，还可以一次性插入多个工作表，以便提高工作效率，操作方法如下。

步骤 01 ❶ 按住 Ctrl 键选中连续的多个工作表，右击任意选中的工作表标签；❷ 在弹出的快捷菜单中选择"插入"命令，如下图所示。

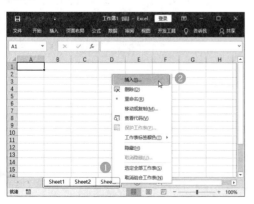

步骤 02 ❶ 弹出"插入"对话框，选择"工作表"选项；❷ 单击"确定"按钮，如下图所示。

步骤 03 返回工作簿，即可看到工作簿中插入了 3 个新工作表，如下图所示。

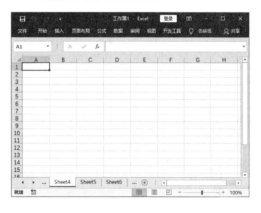

038　设置工作表标签颜色

应用说明：

当工作簿中包含的工作表太多时，除了可以用名称进行区别外，还可以对工作表标签设置不同的颜色以示区别，操作方法如下。

❶ 右击要设置颜色的工作表标签；❷ 在弹出的快捷菜单中选择"工作表标签颜色"命令；❸ 在弹出的子菜单中选择需要的颜色，如下图所示。

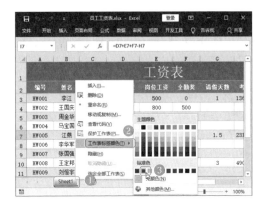

039　复制工作表

扫一扫，看视频

应用说明：

　　当要制作的工作表中有许多数据与已有的工作表中的数据相同时，可以通过复制工作表来提高工作效率，操作方法如下。

步骤 01 打开"素材文件 \ 第13章 \ 员工工资表 .xlsx"，❶ 右击要复制的工作表标签；❷ 在弹出的快捷菜单中选择"移动或复制"命令，如下图所示。

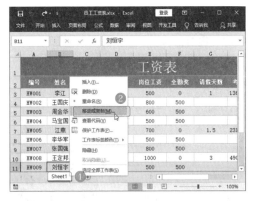

步骤 02 ❶ 弹出"移动或复制工作表"对话框，在"下列选定工作表之前"列表框中选择工作表的目标位置，如"（移至最后）"；❷ 勾选"建立副本"复选框；❸ 单击"确定"按钮，如下图所示。

🔔📢 **小技巧**

　　如果不勾选"建立副本"复选框，则执行移动工作表的操作。

040　将重要的工作表隐藏

扫一扫，看视频

应用说明：

　　对于有重要数据的工作表，如果不希望其他用户查看，可以将其隐藏起来，操作方法如下。

步骤 01 打开"素材文件 \ 第13章 \ 销售清单 .xlsx"，❶ 选中需要隐藏的工作表，右击其标签；❷ 在弹出的快捷菜单中选择"隐藏"命令，如下图所示。

步骤 02 ❶ 隐藏了工作表之后，若要将其显

示出来，右击任意一个工作表标签；❷ 在弹出的快捷菜单中选择"取消隐藏"命令，如下图所示。

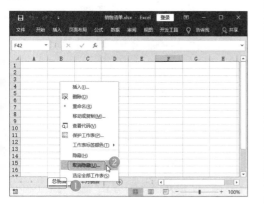

步骤 03 ❶ 在弹出的"取消隐藏"对话框中选择需要显示的工作表；❷ 单击"确定"按钮，如下图所示。

041　设置最适合的行高与列宽

应用说明：

默认情况下，行高与列宽都是固定的，当单元格中的内容较多时，可能无法将其全部显示出来。通常情况下，用户喜欢通过拖动鼠标的方式调整行高与列宽，其实，可以使用更简单的自动调整功能调整最适合的行高或列宽，使单元格大小与单元格中的内容相适应。

扫一扫，看视频

步骤 01 ❶ 将光标定位到要调整行高的行；

❷ 单击"开始"选项卡"单元格"组中的"格式"下拉按钮；❸ 在弹出的下拉菜单中选择"自动调整行高"命令，如下图所示。

🔔 小技巧

如果要精确调整行高，可以在选中行之后右击，在弹出的快捷菜单中选择"行高"命令，在弹出的"行高"对话框中输入精确数值，最后单击"确定"按钮。设置精确列宽的方法与设置行高相似。

步骤 02 ❶ 将光标定位到要调整列宽的列；❷ 单击"开始"选项卡"单元格"组中的"格式"下拉按钮；❸ 在弹出的下拉菜单中选择"自动调整列宽"命令，如下图所示。

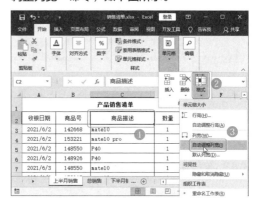

042　快速删除所有空行

应用说明：

在编辑工作表时，有时需要将一些没有用

扫一扫，看视频

的空行删除，若表格中的空行太多，逐一删除非常烦琐，此时可通过定位功能，快速删除工作表中的所有空行。

步骤 01 打开"素材文件\第13章\销售清单1.xlsx"，❶ 在数据区域中选择任意单元格；❷ 单击"开始"选项卡"编辑"组中的"查找和选择"下拉按钮；❸ 在弹出的下拉菜单中选择"定位条件"命令，如下图所示。

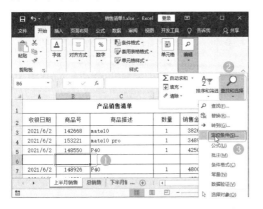

步骤 02 ❶ 弹出"定位条件"对话框，选中"空值"单选按钮；❷ 单击"确定"按钮，如下图所示。

步骤 03 返回工作表，可看见所有空白行呈选中状态，在"单元格"组中单击"删除"按钮即可，如下图所示。

13.2 数据录入技巧

使用 Excel 编辑各类工作表时，需要先在工作表中录入各种数据。下面介绍各种数据的录入技巧。

043　对手机号码进行分段显示

扫一扫，看视频

应用说明：

手机号码由 11 位数字组成，为了增强手机号码的易读性，可以将其设置为分段显示。例如，要将手机号码按照 3、4、4 的位数分段显示，操作方法如下。

步骤 01 打开"素材文件\第13章\员工信息登记表 .xlsx"，❶ 选中需要设置分段显示的单元格区域；❷ 单击"开始"选项卡"数字"组中的"对话框启动器"按钮，如下图所示。

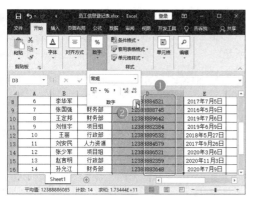

步骤 02　❶ 打开"设置单元格格式"对话框，在"数字"选项卡的"分类"列表框中选择"自定义"选项；❷ 在右侧"类型"文本框中输入"000-0000-0000"；❸ 单击"确定"按钮，如下图所示。

步骤 03　返回工作表，即可看到手机号码已自动分段显示，如下图所示。

044　巧妙输入位数较多的员工编号

扫一扫，看视频

应用说明：

　　在编辑工作表时，经常会输入位数较多的员工编号、学号、证书编号，如 HYGB2020001、HYGB2020002 等，编号的部分字符是相同的，若重复输入会非常烦琐且易出错，此时，可以通过自定义数据格式快速输入。

步骤 01　打开"素材文件 \ 第 13 章 \ 员工信息登记表 1.xlsx"，❶ 选中要输入员工编号的单元格区域，打开"设置单元格格式"对话框，在"数字"选项卡的"分类"列表框中选择"自定义"选项；❷ 在右侧"类型"文本框中输入""HYGB2020"000"（"HYGB2020" 是固定不变的重复内容）；❸ 单击"确定"按钮，如下图所示。

步骤 02　返回工作表，在单元格区域中输入编号后的序号，如 "1、2…"，按 Enter 键确认，即可显示完整的员工编号，如下图所示。

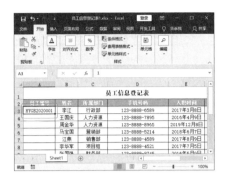

045　快速输入中文大写数字

扫一扫，看视频

应用说明：

在编辑工作表时，有时会输入中文大写数字。对于少量的中文大写数字，按照常规的方法直接输入即可；对于大量的中文大写数字，为了提高输入速度，可以先进行格式设置再输入，或者输入后再设置格式进行转换。例如，要将已经录入的数字转换为中文大写数字，具体操作方法如下。

步骤 01 打开"素材文件\第13章\手机销售情况 .xlsx"，❶选择要转换成中文大写数字的B25单元格，打开"设置单元格格式"对话框，在"数字"选项卡的"分类"列表框中选择"特殊"选项；❷在右侧"类型"列表框中选择"中文大写数字"选项；❸单击"确定"按钮，如下图所示。

步骤 02 返回工作表，即可看到所选单元格中的数字已经变为中文大写数字，如下图所示。

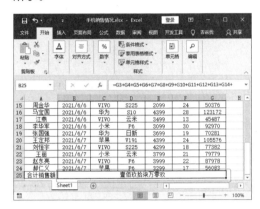

046　限制重复数据的输入

扫一扫，看视频

应用说明：

在 Excel 中录入数据时，有时会要求某个区域的单元格数据具有唯一性，如身份证号码、发票号码之类的数据。在输入过程中，有可能会因为输入错误而导致数据相同，此时可以通过"数据验证"功能防止重复输入。

步骤 01 ❶选中要设置防止重复输入的单元格区域；❷单击"数据"选项卡"数据工具"组中的"数据验证"按钮，如下图所示。

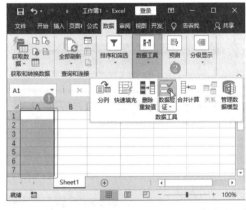

步骤 02 打开"数据验证"对话框，❶在"允

许"下拉列表中选择"自定义"选项；❷ 在"公式"文本框中输入"=COUNTIF ($D$3:$D$17,D3)<=1"；❸ 单击"确定"按钮，如下图所示。

047　在粘贴数据时对数据进行目标运算

应用说明：

　　在编辑工作表的数据时，可以通过选择性粘贴的方式对数据进行计算。例如，在"销售订单.xlsx"工作表中，要将"单价"都提高 8 元，具体操作方法如下。

扫一扫，看视频

步骤 01 打开"素材文件\第 13 章\销售订单.xlsx"，❶ 在任意空白单元格中输入"8"，选择该单元格，按 Ctrl+C 组合键进行复制；❷ 选择要进行计算的目标单元格区域，这里选择 E5:E10；❸ 在"剪贴板"组中单击"粘贴"下拉按钮；❹ 在弹出的下拉菜单中选择"选择性粘贴"命令，如下图所示。

步骤 02 打开"选择性粘贴"对话框，❶ 在"运算"选项组中选择计算方式，这里选择"加"；❷ 单击"确定"按钮，如下图所示。

步骤 03 操作完成后，表格中所选区域的数字都加 8，如下图所示。

048　使用通配符查找数据

扫一扫，看视频

应用说明：

　　在工作表中查找内容时，有时不能准确确定要查找的内容，此时可以使用通配符进行模糊查找。

　　通配符主要有"?"与"*"，并且要在英文状态下输入。其中，"?"代表一个字符，"*"代表多个字符。例如，要使用通配符"*"进行模糊查找，具体操作方法如下。

打开"素材文件 \ 第 13 章 \ 手机销售情况 .xlsx"，❶ 按 Ctrl+F 组合键，打开"查找和替换"对话框，单击"选项"按钮；❷ 输入要查找的关键字，如"华 *"；❸ 单击"查找全部"按钮，即可查找出当前工作表中所有含"华"字的单元格，如下图所示。

读书笔记

13.3 Excel 页面设置与打印技巧

将工作表制作完成后，通常需要将其打印出来查看和使用。本节讲解打印之前的页面设置技巧和 Excel 的各种打印技巧。

049 为奇偶页设置不同的页眉和页脚

扫一扫，看视频

应用说明：

在为 Excel 工作表设置页眉和页脚信息时，可以分别为奇偶页设置不同的页眉和页脚。

步骤 01 打开"素材文件 \ 第 13 章 \ 手机 销售情况 .xlsx"，单击"页面布局"选项卡"页面设置"组中的"对话框启动器"按钮，如下图所示。

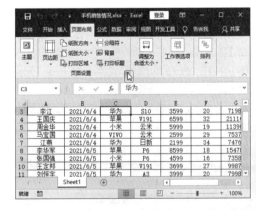

步骤 02 打开"页面设置"对话框，❶ 切换到"页眉 / 页脚"选项卡；❷ 勾选"奇偶页不同"复选框；❸ 单击"自定义页眉"按钮，如下图所示。

小技巧

　　勾选"首页不同"复选框，可以为首页设置不同的页眉和页脚。

步骤 03 打开"页眉"对话框，❶ 在"奇数页页眉"选项卡中设置奇数页的页眉信息，如在"左"文本框中输入公司名称；❷ 单击"偶数页页眉"选项卡，如下图所示。

步骤 04 ❶ 设置偶数页的页眉信息，如通过单击"插入日期"按钮 插入当前日期；❷ 完成设置后，连续单击"确定"按钮退出对话框，如下图所示。

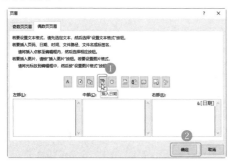

050　在打印的纸张中出现行号和列标

应用说明：

　　默认情况下，Excel 打印工作表时不会打印行号和列标。如果需要打印行号和列标，就需要在打印扫一扫，看视频　工作表前进行简单的设置。

　　打开"页面设置"对话框，❶ 在"工作表"选项卡的"打印"选项组中勾选"行和列标题"复选框；❷ 单击"确定"按钮，如下图所示。

051　重复打印标题行

应用说明：

　　在打印大型表格时，为了使每一页都有表格的标题行，需要设置扫一扫，看视频　打印标题。具体操作方法如下。

步骤 01 打开"素材文件 \ 第 13 章 \ 销售清单 .xlsx"，单击"页面布局"选项卡"页面设置"组中的"打印标题"按钮，如下图所示。

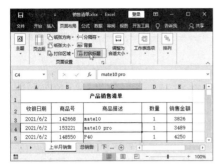

步骤 02 打开"页面设置"对话框，❶ 将光标定位到"顶端标题行"文本框内，在工作表中单击标题行的行号；❷"顶端标题行"文本框中将自动显示标题行的信息；❸ 单击"确定"按钮，如下图所示。

小技巧

对于设置了列标题的大型表格，还需要设置标题列，方法是：将光标定位到"从左侧重复的列数"文本框内，然后在工作表中单击标题列的列标即可。

052　避免打印工作表中的错误值

扫一扫，看视频

应用说明：

在工作表中使用公式时，可能会因为数据空缺或数据不全等原因导致返回错误值。在打印工作表时，为了不影响美观，可以通过设置避免打印错误值。

打开工作簿，打开"页面设置"对话框，❶ 在"工作表"选项卡的"打印"选项组的"错误单元格打印为"下拉列表中选择"空白"选项；❷ 单击"确定"按钮，如下图所示。

053　实现缩放打印

扫一扫，看视频

应用说明：

有时候制作的 Excel 表格在最末一页只有几行内容，如果直接打印出来既不美观又浪费纸张。此时，可以通过设置缩放比例的方法，将最后一页的内容显示到前一页中。

打开"页面设置"对话框，❶ 在"页面"选项卡的"缩放"选项组中，在"缩放比例"数值框中设置缩放比例；❷ 单击"确定"按钮，如下图所示。

13.4 Excel 公式与函数的使用技巧

Excel 是一款非常强大的数据处理软件,其中最让用户印象深刻的便是其计算功能。通过公式和函数,可以非常方便地计算各种复杂的数据。熟练掌握公式和函数的使用技巧,有助于加强数据计算能力,并进一步提高数据分析的效率。

054　在单个单元格中使用数组公式进行计算

应用说明:

数组公式就是指对两组或多组参数进行多重计算,并返回一个或多个结果的一种计算公式。使用数组公式时,要求每个数组参数必须有相同数量的行和列。如果要在单个单元格中使用数组公式进行计算,具体操作方法如下。

扫一扫,看视频

步骤 01 打开"素材文件 \ 第 13 章 \ 销售订单 .xlsx",选择存放结果的单元格,输入"=SUM()",再将光标定位在括号内,如下图所示。

步骤 02 拖动鼠标选择要参与计算的第一个单元格区域,输入运算符"*",再拖动鼠标选择第二个要参与计算的单元格区域,如下图所示。

步骤 03 按 Ctrl+Shift+Enter 组合键,得出数组公式的计算结果,如下图所示。

055　在多个单元格中使用数组公式进行计算

扫一扫,看视频

应用说明:

如果要在多个单元格中使用数组公式进行计算,具体操作方法如下。

步骤 01 打开"素材文件 \ 第 13 章 \ 员工工资表 1.xlsx",❶ 选择存放结果的单元格区域,输入"＝"；❷拖动鼠标选择要参与计算的第一个单元格区域，如下图所示。

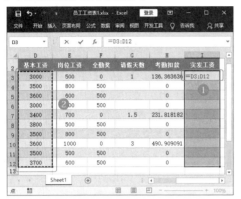

步骤 02 参照上述操作，继续输入运算符，并拖动选择要参与计算的单元格区域，如下图所示。

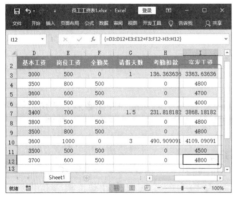

步骤 03 按 Ctrl+Shift+Enter 组合键，得出数组公式的计算结果，如下图所示。

056 快速查找函数

应用说明：

如果只知道某个函数的功能，不知道具体的函数名，可以通过"插入函数"对话框快速查找函数。

扫一扫，看视频

步骤 01 单击"公式"选项卡"函数库"组中的"插入函数"按钮，如下图所示。

步骤 02 打开"插入函数"对话框，❶ 在"搜索函数"文本框中输入函数功能，如"平均值"；❷ 单击"转到"按钮；❸ 将在"选择函数"列表框中显示 Excel 推荐的函数。在"选择函数"列表框中选择某个函数后，会在列表框下方显示该函数的作用及语法等信息，如下图所示。

057　使用 AVERAGE 函数计算平均值

应用说明：

AVERAGE 函数用于返回参数的平均值，即对选择的单元格或单元格区域进行算术平均值的运算。AVERAGE 函数的语法为"=AVERAGE (Number1, Number2,...)"，其中"Number1, Number2,..."表示要计算平均值的 1~255 个参数。

例如，使用 AVERAGE 函数计算 3 个月销量的平均值，具体操作方法如下。

步骤 `01` 打开"素材文件\第 13 章\销售业绩 .xlsx"，❶ 选中要存放结果的单元格，这里选择"F3"；❷ 单击"公式"选项卡"函数库"组中的"自动求和"下拉按钮；❸ 在弹出的下拉菜单中选择"平均值"命令，如下图所示。

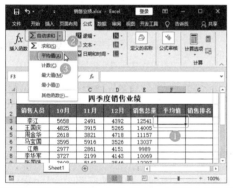

步骤 `02` F3 单元格中将插入 AVERAGE 函数，选择需要计算的单元格"B3:D3"，如下图所示。

步骤 `03` 按 Enter 键计算出平均值，然后使用填充功能向下复制函数，即可计算出其他产品的销售平均值，如下图所示。

058　使用 MAX 函数计算最大值

扫一扫，看视频

应用说明：

MAX 函数用于计算一串数值中的最大值，即对选择的单元格区域中的数值进行比较，找到最大的数值并返回目标单元格。MAX 函数的语法为"=MAX(Number1, Number2,...)"。其中"Number1,Number2,..."表示要参与比较以找出最大值的 1~255 个参数。

例如，使用 MAX 函数计算最高销售量，具体操作方法如下。

步骤 `01` 接上一例操作，选择要存放结果的单元格，如"B11"，输入函数"=MAX(B3:B10)"，按 Enter 键，即可得出计算结果，如下图所示。

步骤 02 通过填充功能向右复制函数，即可计算出每月的最高销售量，如下图所示。

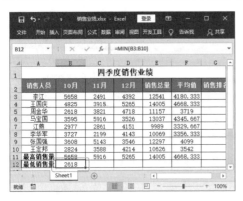

059 使用 MIN 函数计算最小值

扫一扫，看视频

应用说明：

MIN 函数与 MAX 函数的作用相反，该函数用于计算一串数值中的最小值，即对选择的单元格区域中的数值进行比较，找到最小的数值并返回目标单元格。MIN 函数的语法为"=MIN(Number1,Number2,...)"，其中"Number1,Number2,..."表示要参与比较以找出最小值的1~255个参数。

例如，使用 MIN 函数计算最低销售量，具体操作方法如下。

步骤 01 接上一例操作，选择要存放结果的单元格，如"B12"，输入函数"=MIN(B3:B10)"，按 Enter 键，即可得出计算结果，如下图所示。

步骤 02 通过填充功能向右复制函数，即可计算出每月的最低销售量，如下图所示。

060 使用 RANK 函数计算排名

扫一扫，看视频

应用说明：

RANK 函数用于返回一个数值在一组数值中的排位，即让指定的数据在一组数据中进行比较，将比较的名次返回目标单元格中。RANK 函数的语法为"=RANK(number,ref,order)"，其中 number 表示要在数据区域中进行比较的指定数据；ref 表示包含一组数字的数组或引用，其中的非数值型参数将被忽略；order 表示一个数字，指定排名的方式。若 order 为 0 或省略，则按降序排列的数据清单进行排位；如果 order 不为 0，则按升序排列的数据清单进行排位。

例如，使用 RANK 函数计算销售总量的排名，具体操作方法如下。

步骤 01 接上一例操作，选中要存放结果的单元格，如"G3"，输入函数"=RANK(E3,$E$3:$E$10,0)"，按 Enter 键，即可得出计算结果，如下图所示。

算出每位员工销售总量的排名，如下图所示。

步骤 02 通过填充功能向下复制函数，即可计

13.5 Excel 数据分析技巧

借助 Excel 提供的强大的数据处理和分析功能，可以轻松地完成数据处理和分析的工作。

061 让数据条不显示单元格数值

应用说明：

在编辑工作表时，若要一目了然地查看数据的大小情况，可通过数据条功能来实现。使用数据条显示单元格数值后，还可以根据操作需要，设置让数据条不显示单元格数值。

扫一扫，看视频

步骤 01 打开"素材文件 \ 第 13 章 \ 职员工资总额对比 .xlsx"，❶ 选中 C3:C9 单元格区域；❷ 单击"条件格式"下拉按钮；❸ 在弹出的下拉菜单中选择"数据条"命令；❹ 在弹出的子菜单中选择需要的数据条样式，如下图所示。

步骤 02 ❶ 保持单元格区域的选中状态（也可以选择任意数据条中的单元格），单击"条件格式"下拉按钮；❷ 在弹出的下拉菜单中选择"管理规则"命令，如下图所示。

步骤 03 ❶ 弹出"条件格式规则管理器"对话框，在列表框中选中"数据条"选项；❷ 单击"编辑规则"按钮，如下图所示。

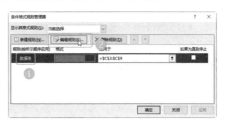

步骤 04 ❶ 弹出"编辑格式规则"对话框，在"编辑规则说明"选项组中勾选"仅显示数据条"复选框；❷ 单击"确定"按钮，如下图所示。

步骤 05 返回"条件格式规则管理器"对话框，单击"确定"按钮。在返回的工作表中即可查看显示效果，如下图所示。

062 利用条件格式突出显示双休日

应用说明：

在制作工作表时，如果想要标注出双休日，可以使用条件格式来

突出显示，操作方法如下。

步骤 01 打开"素材文件 \ 第 13 章 \ 工作日程表 .xlsx"，❶ 选择要设置条件格式的单元格区域；❷ 单击"条件格式"下拉按钮；❸ 在弹出的下拉菜单中选择"新建规则"命令，如下图所示。

步骤 02 打开"新建格式规则"对话框，❶ 在"选择规则类型"列表框中选择"使用公式确定要设置格式的单元格"选项；❷ 在"为符合此公式的值设置格式"文本框中输入公式"=WEEKDAY($A3,2)>5"；❸ 单击"格式"按钮，如下图所示。

步骤 03 打开"设置单元格格式"对话框，❶ 根据需要设置显示方式，在"填充"选项卡中选择背景色为"红色"；❷ 连续单击"确定"按钮，如下图所示。

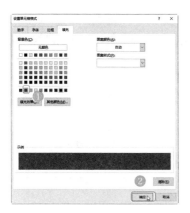

步骤 04 返回工作表，即可看到双休日的单元格以红色背景显示，如下图所示。

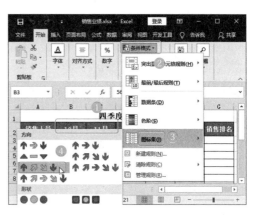

步骤 02 返回工作表，可查看设置图标集后的效果，如下图所示。

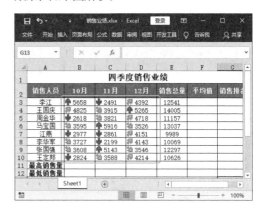

063　用图标把销量形象地表示出来

应用说明：

图标集用于对数据进行注释，并可以按值的大小将数据分为 3~5 个类别，每个图标代表一个数据范围。

扫一扫，看视频

例如，为了方便查看员工的销售业绩，可以通过图标集进行标识，具体操作方法如下。

步骤 01 打开"素材文件 \ 第 13 章 \ 销售业绩 .xlsx"，❶ 选择要设置条件格式的单元格区域；❷ 单击"条件格式"下拉按钮；❸ 在弹出的下拉菜单中选择"图标集"命令；❹ 在弹出的子菜单中选择图标集样式，如下图所示。

064　筛选销售成绩靠前的数据

应用说明：

在制作销售表、员工考核成绩表之类的工作表时，从庞大的数据中查找排名前几位的记录不是一件容易的事，此时可以利用筛选功能快速筛选。

扫一扫，看视频

步骤 01 打开"素材文件 \ 第 13 章 \ 销售业绩 .xlsx"，❶ 选中任意数据单元格；❷ 单击"数据"选项卡"排序和筛选"组中的"筛选"按钮，如下图所示。

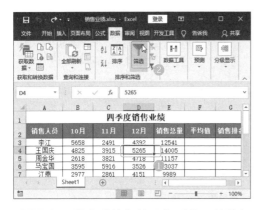

步骤 02 ❶ 单击"销售总量"列的下拉按钮 ▼；❷ 在弹出的下拉菜单中选择"数字筛选"命令；❸ 在弹出的子菜单中选择"前10项"，如下图所示。

步骤 03 打开"自动筛选前10个"对话框，❶ 在中间的数值框中输入"5"；❷ 单击"确定"按钮，如下图所示。

步骤 04 返回工作表，只显示了"销售总量"列中排名前5位的数据，如下图所示。

小提示

对数字进行筛选时，选择"数字筛选"命令，在弹出的子菜单中选择某个选项，可筛选出相应的数据，如筛选出等于某个数字的数据、不等于某个数字的数据、大于某个数字的数据、介于某个范围之间的数据等。

065 将汇总项显示在数据上方

应用说明：

默认情况下，对表格数据进行分类汇总后，汇总项显示在数据的下方。根据操作需要，可以将汇总项显示在数据的上方。

步骤 01 打开"素材文件\第13章\手机销售情况.xlsx"，❶ 选中"销售日期"列的任意数据单元格；❷ 单击"数据"选项卡"排序和筛选"组中的"升序"按钮 ↓↑，如下图所示。

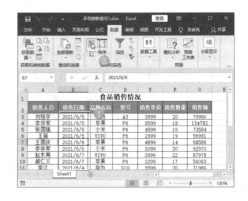

步骤 02 单击"数据"选项卡"分级显示"组中的"分类汇总"按钮，如下图所示。

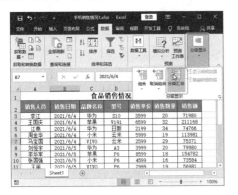

步骤 03 打开"分类汇总"对话框，❶ 在"分类字段"下拉列表中选择"销售日期"选项，在"汇总方式"下拉列表中选择"求和"选项；❷ 在"选定汇总项"列表框中勾选"销售额"复选框；❸ 取消勾选"汇总结果显示在数据下方"复选框；❹ 单击"确定"按钮，如下图所示。

步骤 04 返回工作表，即可看到表格数据以"销售日期"为分类字段，对销售额进行了求和汇总，且汇总项显示在数据上方，如下图所示。

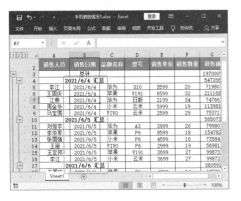

066　复制分类汇总结果

扫一扫，看视频

应用说明：

对工作表中的数据进行分类汇总后，可以将汇总结果复制到新工作表中保存。根据操作需要，可以复制包含明细数据在内的所有内容，也可以只复制不含明细数据的汇总结果。

例如，要复制不含明细数据的汇总结果，操作方法如下。

步骤 01 接上一例操作，在创建了分类汇总的工作表中，通过左侧的分级显示栏调整要显示的内容，这里单击 2 按钮，隐藏明细数据，如下图所示。

步骤 02 ❶ 隐藏明细数据后，选中数据区域；❷ 单击"开始"选项卡"编辑"组中的"查找和选择"下拉按钮；❸ 在弹出的下拉菜单中选择"定位条件"命令，如下图所示。

步骤 03 打开"定位条件"对话框，❶ 选中"可见单元格"单选按钮；❷ 单击"确定"按钮，

如下图所示。

步骤 04 返回工作表，新建一个工作表，直接按 Ctrl+C 组合键进行复制操作，然后在新建的工作表中按 Ctrl+V 组合键进行粘贴操作，如下图所示。

067 分页存放汇总结果

扫一扫，看视频

应用说明：

如果希望将分类汇总后的每组数据进行分页打印操作，可通过设置分页汇总来实现。

在"分类汇总"对话框中，❶ 设置分类汇总的相关条件；❷ 勾选"每组数据分页"复选框；❸ 单击"确定"按钮，如下图所示。经过以上操作后，在每组汇总数据的后面会自动插入分页符，在打印时会分页进行打印。

068 在图表中增加数据系列

扫一扫，看视频

应用说明：

在创建图表时，若只选择了部分数据进行创建，则在后期操作过程中，还可以在图表中增加数据系列。

步骤 01 打开"素材文件 \ 第 13 章 \2021 年销售情况 .xlsx"，❶ 选中图表；❷ 单击"图表工具 / 设计"选项卡"数据"组中的"选择数据"按钮，如下图所示。

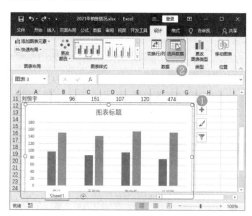

步骤 02 打开"选择数据源"对话框，单击"图例项（系列）"选项组中的"添加"按钮，如下图所示。

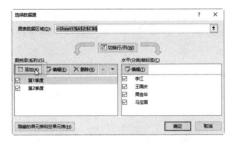

步骤 03 打开"编辑数据系列"对话框，❶分别在"系列名称"和"系列值"文本框中设置对应的数据；❷单击"确定"按钮，如下图所示。

步骤 04 返回"选择数据源"对话框，单击"确定"按钮，返回工作表。可以看到图表中增加了数据系列，如下图所示。

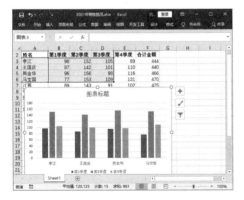

069　更改图表的数据源

应用说明：

创建图表后，如果发现数据源选择错误，可以根据操作需要更改

扫一扫，看视频

图表的数据源。

步骤 01 接上一例操作，选中图表，打开"选择数据源"对话框，单击"图表数据区域"右侧的 ↑ 按钮，如下图所示。

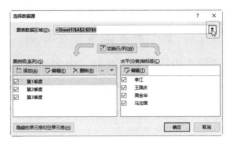

步骤 02 ❶ 在工作表中重新选择数据区域；❷ 完成后单击"选择数据源"对话框中的按钮，如下图所示。

步骤 03 返回"选择数据源"对话框，单击"确定"按钮，返回工作表。可以看到图表中已经更改了数据源，如下图所示。

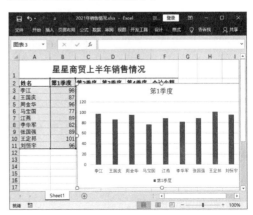

070 在饼状图中将接近 0% 的数据隐藏起来

扫一扫，看视频

应用说明：

在制作饼图时，如果其中某个数据本身接近零值，那么在饼图中不能显示色块，但会显示一个"0%"的标签。在操作过程中，即使将这个零值标签删掉，再次更改图表中的数据，这个标签又会自动出现。为了使图表更加美观，可以通过设置将接近 0% 的数据隐藏起来。

步骤 01 打开"素材文件 \ 第 13 章 \ 电器销售统计 .xlsx"，❶ 选中图表标签，右击；❷ 在弹出的快捷菜单中选择"设置数据标签格式"命令，如下图所示。

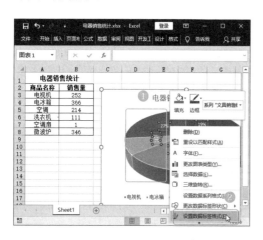

步骤 02 打开"设置数据标签格式"窗格，❶ 在"标签选项"选项卡的"数字"选项组的"类别"下拉列表中选择"自定义"选项；❷ 在"格式代码"文本框中输入"[< 0.01]"";0%"；❸ 单击"添加"按钮；❹ 单击"关闭"按钮 × 关闭该窗格，如下图所示。

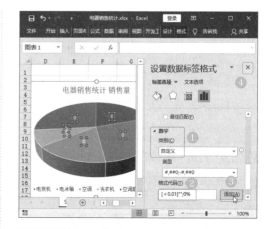

步骤 03 返回工作表，可以看见图表中接近 0% 的数据自动隐藏起来了，如下图所示。

小提示

步骤 02 中输入的代码"[< 0.01]"";0%"，表示当数值小于 0.01 时不显示。

071 快速创建带内容和格式的数据透视表

扫一扫，看视频

应用说明：

一般情况下大多是创建空白的数据透视表。根据操作需要，也可以直接创建带内容并含格式的数据透视表。

步骤 01 打开"素材文件 \ 第 13 章 \ 销售清单 .xlsx"，❶ 将光标定位到工作表的任意数据单元格；② 单击"插入"选项卡"图表"组中的"推荐的图表"按钮，如下图所示。

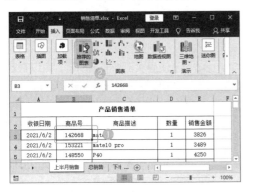

步骤 02 打开"插入图表"对话框，① 在左侧窗格"推荐的图表"中选择某个透视表样式后，在右侧窗格中可以预览透视表效果；② 单击"确定"按钮，如下图所示。

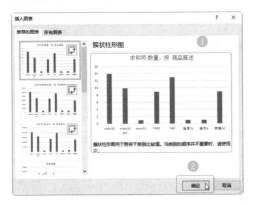

步骤 03 操作完成后即可新建一个工作表，并在该工作表中创建选中样式的数据透视表，如下图所示。

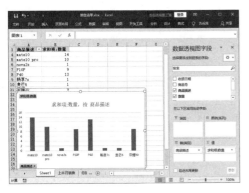

072　更新数据透视表中的数据

应用说明：

　　默认情况下，创建数据透视表后，若对数据源中的数据进行了修改，数据透视表中的数据不会自动更新，此时就需要手动更新。

　　① 选中数据区域中的任意单元格；② 单击"数据透视表工具 / 分析"选项卡"数据"组中的"刷新"下拉按钮；③ 在弹出的下拉菜单中选择"全部刷新"命令即可刷新数据，如下图所示。

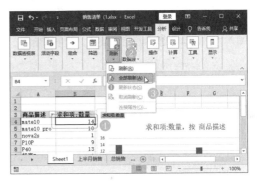

🔔 小技巧

　　在数据透视表中，右击任意一个单元格，在弹出的快捷菜单中选择"刷新"命令，也可以实现数据透视表的更新操作。

073　让数据透视表中的空白单元格显示为 0

应用说明：

　　默认情况下，数据透视表的单元格中没有值时显示为空白。如果希望空白单元格中显示为 0，则需要进行设置。

步骤 01 打开"素材文件 \ 第 13 章 \ 家电销售情况 1.xlsx"，① 在数据透视表的任意单元格中右击；② 在弹出的快捷菜单中选择"数据透视表选项"命令，如下图所示。

步骤 02 ❶ 打开"数据透视表选项"对话框，在"布局和格式"选项卡的"格式"选项组中勾选"对于空单元格，显示"复选框，在文本框中输入"0"；❷ 单击"确定"按钮，如下图所示。

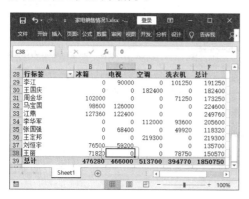

步骤 03 返回数据透视表，即可看到空白单元格中显示为 0，如下图所示。

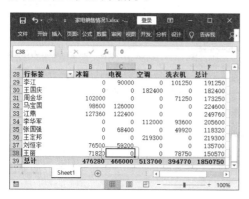

074 在每个项目之间添加空白行

扫一扫，看视频

应用说明：

创建数据透视表之后，有时为了使层次更加清晰明了，可以在各个项目之间使用空行进行分隔。

步骤 01 接上一例操作，❶ 选中数据透视表中的任意单元格；❷ 在"数据透视表工具／设计"选项卡"布局"组中单击"空行"下拉按钮；❸ 在弹出的下拉菜单中选择"在每个项目后插入空行"命令，如下图所示。

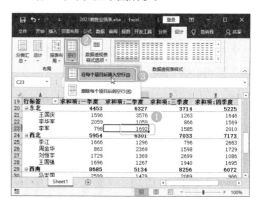

步骤 02 操作完成后，每个项目后都将插入一行空行，如下图所示。

第14章

PPT 幻灯片设计与制作技巧

本章导读

PPT 是用于制作会议流程、产品介绍和电子教学等内容的电子演示文稿。PPT 可以通过计算机或投影仪等器材进行播放，以便更好地辅助演说或演讲。在日常办公中，可以借助一些实用的技巧，简单、高效地制作出精美的演示文稿。

知识技能

本章相关技巧应用及内容安排如下图所示。

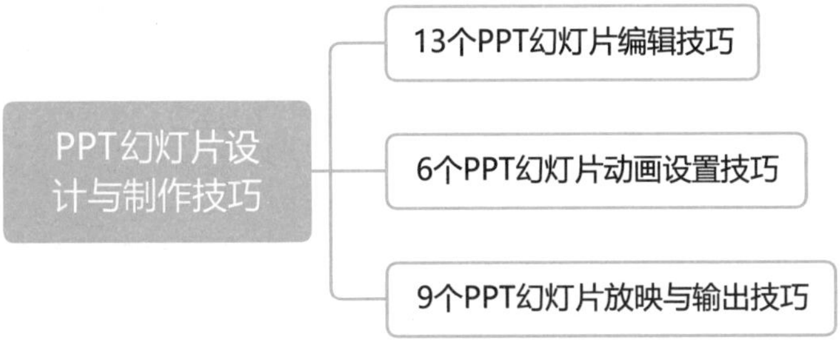

PPT幻灯片设计与制作技巧
13个PPT幻灯片编辑技巧
6个PPT幻灯片动画设置技巧
9个PPT幻灯片放映与输出技巧

14.1　PPT 幻灯片编辑技巧

演示文稿看起来简单，但真正制作起来总觉得不太容易上手。在开始设计与制作幻灯片之前，应该先掌握 PPT 幻灯片的编辑技巧。掌握这些技巧，可以让用户更快地制作出精美的 PPT 幻灯片，使工作效率更进一步。

075　使用模板创建风格统一的幻灯片

扫一扫，看视频

应用说明：
　　PPT 2019 提供了多种类型的模板，利用这些模板，可以快速创建各种专业的演示文稿，操作方法如下。

步骤 01 ❶ 启动 PPT 2019 程序，切换到"新建"选项卡；❷ 在搜索框中输入关键字；❸ 单击"开始搜索"按钮，如下图所示。

步骤 02 在搜索结果中选择需要的模板样式，如下图所示。

步骤 03 在打开的对话框中将显示模板的介绍及预览效果，单击"创建"按钮，如下图所示。

步骤 04 系统将自动下载模板，下载完成后根据该模板创建新的演示文稿，创建完成后的幻灯片效果如下图所示。

076　更改幻灯片的版式

扫一扫，看视频

应用说明：
　　版式是指一张幻灯片中包含的内容类型及这些内容的布局和格式。在编辑幻灯片的过程中，若不满意当前幻灯片的版式，则可以进行更改，操作方法如下。

❶ 在"普通"或"幻灯片浏览"视图模式下，选中需要更改版式的幻灯片；❷ 单击"开始"选项卡"幻灯片"组中的"版式"下拉按钮；❸ 在弹出的下拉列表中选择需要的版式即可，如"两栏内容"，如下图所示。

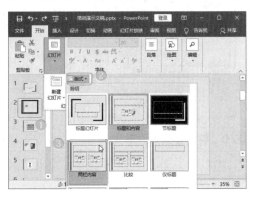

077　使用主题快速美化幻灯片

应用说明：

在美化演示文稿时，如果对自己设置的样式不满意，可以使用主题快速美化幻灯片，操作方法如下。 扫一扫，看视频

步骤 01 打开"素材文件\第 14 章\培训演示文稿 .pptx"，在"设计"选项卡的"主题"组中选择一种主题样式，如下图所示。

步骤 02 在"设计"选项卡的"变体"组中选择一种颜色方案，如下图所示。

步骤 03 操作完成后即可看到演示文稿应用主题后的效果。

078　对幻灯片进行分组管理

应用说明：

扫一扫，看视频　在制作大型 PPT 演示文稿时，其中包含了大量的幻灯片，因此很容易迷失在这些幻灯片中，而不知道当前所处的文字及 PPT 演示文稿的整体结构。针对这种情况，可以使用"节"功能对幻灯片进行分组管理，操作方法如下。

步骤 01 打开"素材文件\第 14 章\培训演示文稿 .pptx"，单击"视图"选项卡"演示文稿视图"组中的"幻灯片浏览"按钮，切换到幻灯片浏览视图，如下图所示。

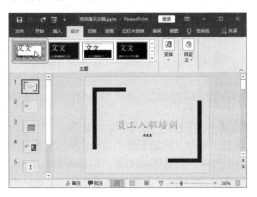

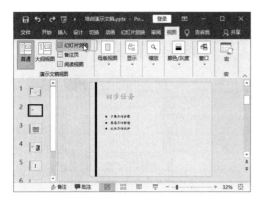

步骤 02 ❶ 选中某张幻灯片，右击；❷ 在弹出的快捷菜单中选择"新增节"命令，如下图所示。

步骤 03 ❶ 此时，所选幻灯片前面的幻灯片被划分为一个节，当前幻灯片及后面的幻灯片为一个节，并弹出"重命名节"对话框，在"节名称"文本框中输入节名称；❷ 单击"重命名"按钮，如下图所示。

步骤 04 使用相同的方法，对后面的幻灯片再

进行分节即可，如下图所示。

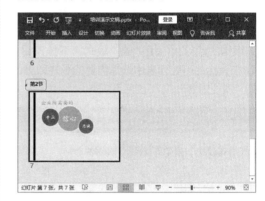

079 将字体嵌入演示文稿

扫一扫，看视频

应用说明：

在编辑 PPT 演示文稿时，如果幻灯片中使用了计算机预设以外的字体，就需要嵌入字体，以避免在其他用户的计算机上播放幻灯片时，因为缺少字体而降低幻灯片的表现力，操作方法如下。

步骤 01 单击"文件"选项卡，选择"选项"命令，如下图所示。

步骤 02 打开"PowerPoint 选项"对话框，❶ 在"保存"选项卡的"共享此演示文稿时保持保真度"选项组中勾选"将字体嵌入文件"复选框，并选中"仅嵌入演示文稿中使用的字符（适于减小文件大小）"单选按钮；❷ 单击"确定"按钮，如下图所示。

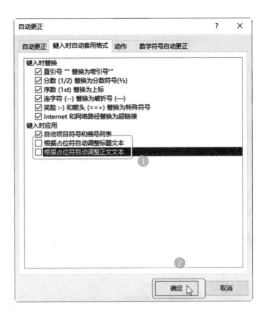

080　禁止输入文本时自动调整文本大小

应用说明：

在幻灯片中输入文本时，PPT 会根据占位符的大小自动调整文本的大小。根据操作需要，可以通过设置禁止自动调整文本大小，操作方法如下。

扫一扫，看视频

步骤 01 打开"PowerPoint 选项"对话框，在"校对"选项卡的"自动更正选项"选项组中单击"自动更正选项"按钮，如下图所示。

步骤 02 打开"自动更正"对话框，❶ 在"键入时自动套用格式"选项卡的"键入时应用"选项组中取消勾选"根据占位符自动调整标题文本"复选框，可禁止自动调整标题文本的大小；取消勾选"根据占位符自动调整正文文本"复选框，可禁止自动调整正文文本的大小；❷ 设置完成后单击"确定"按钮，如下图所示。

081　在幻灯片中插入音频对象

应用说明：

在幻灯片中插入音频文件，可以使幻灯片在播放时更加生动，操作方法如下。

扫一扫，看视频

步骤 01 打开"素材文件 \ 第 14 章 \ 工作总结 .pptx"，❶ 单击"插入"选项卡"媒体"组中的"音频"下拉按钮；❷ 在弹出的下拉菜单中选择"PC 上的音频"命令，如下图所示。

步骤 02 打开"插入音频"对话框，❶ 选择"素材文件 \ 第 14 章 \ 音乐 .mp3"音频文件；❷ 单击"插入"按钮，如下图所示。

步骤 03 操作完成后，所选音频即可插入幻灯片中，如下图所示。

小技巧

选中音频图标，在浮动工具栏中单击"静音/取消静音"按钮 🔊，可以控制音乐是否静音。将鼠标移动到 🔊 按钮上，在出现的音量调节栏中可以调节音量的大小。

082 让背景音乐跨幻灯片连续播放

扫一扫，看视频

应用说明：

在放映 PPT 演示文稿的过程中，进入下一张幻灯片时，若当前幻灯片中的音乐还没播放完，并希望在下一张幻灯片中继续播放，可以使用跨幻灯片播放功能。

接上一例操作，❶ 在幻灯片中选中音乐对应的声音图标；❷ 在"音频工具/播放"选项卡"音频选项"组勾选"跨幻灯片播放"复选框，如下图所示。

小提示

在 PPT 2010 中操作方法有所不同，选中声音图标后，切换到"音频工具/播放"选项卡，在"音频选项"组的"开始"下拉列表中选择"跨幻灯片播放"选项。

083 让背景音乐重复播放

应用说明：

如果插入的音乐的播放时间非常短，音乐播放完毕而幻灯片仍在放映，这时就不会再有背景音乐。针对这样的情况，可以对背景音乐设置重复播放，操作方法如下。

扫一扫，看视频

接上一例操作，❶ 在幻灯片中选中声音图标；❷ 在"音频工具/播放"选项卡的"音频选项"组中勾选"循环播放，直到停止"复选框，如下图所示。

084 在幻灯片中裁剪视频文件

应用说明：

在幻灯片中插入视频文件的方法与插入音

频文件相似，在插入了音频和视频
文件后，还可以通过裁剪功能删除
多余的部分，使音频和视频更加
简洁。

步骤 01 打开"素材文件\第 14 章\开幕
MTV.pptx"，❶ 在幻灯片中选中视频；
❷ 单击"视频工具/播放"选项卡"编辑"组
中的"剪裁视频"按钮，如下图所示。

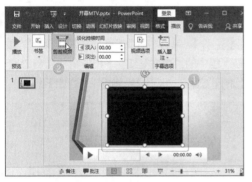

步骤 02 打开"剪裁视频"对话框，❶ 在播放
进度栏中拖动左侧的绿色滑块到视频裁剪的起
始位置，或者在"开始时间"数值框中设置裁
剪视频的起始位置；通过在播放进度栏中拖动
右侧的红色滑块或在"结束时间"数值框输入
时间，可以设置视频裁剪的终点位置；❷ 单击
"确定"按钮，如下图所示。

085　让视频全屏播放

应用说明：

在幻灯片中插入视频后，在放
映幻灯片时，视频总在幻灯片中播
放，不仅视觉冲击力大打折扣，而
且观众还看不清。针对这样的情况，可以通过
设置让视频全屏播放。

接上一例操作，❶ 在幻灯片中选中视频；
❷ 在"视频工具/播放"选项卡"视频选项"
组中勾选"全屏播放"复选框，如下图
所示。

086　让视频自动播放

应用说明：

默认情况下，插入多媒体文件
后，在放映幻灯片时需要单击对应
的图标才会开始播放多媒体文件。
为了让幻灯片放映更加流畅，可以通过设置让
插入的多媒体文件在放映时自动播放。具体操
作方法如下。

接上一例操作，❶ 在幻灯片中选中视频；
❷ 在"视频工具/播放"选项卡"视频选项"
组的"开始"下拉列表中选择"自动"选项，
如下图所示。

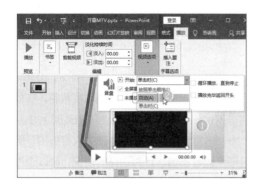

087 为影片剪辑添加引人注意的封面

扫一扫，看视频

应用说明：

在幻灯片中插入视频后，其视频图标上的画面将显示视频中的第一个场景。根据操作需要，可以自定义设置显示的画面，从而让视频图标更加美观。

步骤 01 接上一例操作，在幻灯片中选中视频，单击"播放"按钮 ▶ 进行播放，如下图所示。

步骤 02 播放到某个画面时，单击"暂停"按钮 ‖ 暂停播放，如下图所示。

步骤 03 ❶ 单击"视频工具/格式"选项卡"调整"组中的"海报框架"下拉按钮 ；❷ 在弹出的下拉菜单中选择"当前帧"命令，如下图所示。

步骤 04 单击幻灯片空白处，退出视频文件的播放状态，可看到视频图标的显示场景为上步所选画面，如下图所示。

14.2　PPT 幻灯片动画设置技巧

完成幻灯片内容的编辑后，对其进行美化操作，可以达到赏心悦目的效果；对其设置各种动画效果，可以增强幻灯片的趣味性及动态美。

088　使用动画刷复制动画

应用说明：

扫一扫，看视频

为一个对象设置了动画效果后，如果想要为其他对象设置相同的动画效果，可以使用动画刷复制动画，操作方法如下。

步骤 01 打开"素材文件 \ 第 14 章 \ 工作总结 .pptx"，❶ 为幻灯片的标题设置多个动画，选中标题文本框；❷ 单击"动画"选项卡"高级动画"组中的"动画刷"按钮，如下图所示。

步骤 02 鼠标指针将变为刷子的形状，单击需要复制动画效果的对象，如下图所示。

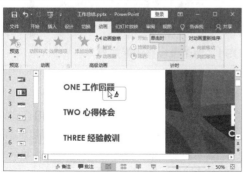

步骤 03 操作完成后即可看到该对象，已经应用了复制的动画效果。

089　自定义动画的路径

扫一扫，看视频

应用说明：

在"动画"选项卡的"动画样式"组中，可以为动画选择动作路径。如果预置的动画路径不能满足使用的需求，还可以自定义动画的路径，操作方法如下。

步骤 01 接上一例操作，❶ 选中要自定义动画路径的对象，单击"动画"选项卡"动画"组中的"动画样式"下拉按钮；❷ 在弹出的下拉菜单中选择"自定义路径"命令，如下图所示。

步骤 02 鼠标指针将变为十字形状十，按住鼠标左键拖动，绘制动画的路径，如下图所示。

步骤 03 绘制完成后，释放鼠标左键即可完成动画路径的绘制。拖动路径，将其调整到合适的位置即可，如下图所示。

090 让文字在放映时逐行显示

扫一扫，看视频

应用说明：

在编辑幻灯片时，可以通过设置动画效果，让幻灯片中的文字在放映时逐行显示。

步骤 01 打开"素材文件\第14章\培训演示文稿.pptx"，❶ 选中要设置逐行显示的文字，单击"动画"选项卡"动画"组中的"动画样式"下拉按钮；❷ 在弹出的下拉列表中选择一种进入动画，如下图所示。

步骤 02 ❶ 通过以上设置，每行文字都将分别添加一个动画效果，在"计时"组中设置持续时间；❷ 单击"动画"选项卡"预览"组中的"预览"按钮即可查看动画效果，如下图所示。

小技巧

在 PPT 中选中文本框添加动画效果后，文本框内的段落（一行的段落）便会逐行显示，若没有逐行显示，可以进行设置，设置方法为：在"动画"组中单击"效果选项"按钮，在弹出的下拉菜单中选择"按段落"命令即可。

091 为对象设置闪烁效果

扫一扫，看视频

应用说明：

在需要突出显示某些内容时，可以将文字设置为比较醒目的颜色，然后添加自动闪烁的动画效果，操作方法如下。

步骤 01 接上一例操作，❶ 选择要设置闪烁效果的对象；❷ 在"动画样式"下拉菜单中选择"更多强调效果"命令，如下图所示。

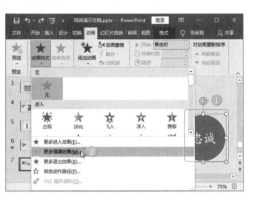

步骤 02 打开"更改强调效果"对话框，❶ 在"华丽"选项组中选择"闪烁"选项；❷ 单击"确定"按钮，如下图所示。

步骤 03 ❶ 单击"动画"选项卡"高级动画"组中的"动画窗格"按钮，打开"动画窗格"界面；❷ 在设置了闪烁效果的动画上右击，在弹出的快捷菜单中选择"计时"命令，如下图所示。

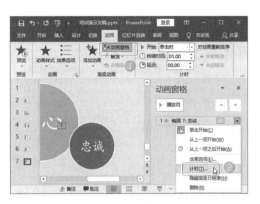

步骤 04 打开"闪烁"对话框，❶ 在"计时"选项卡中设置"期间"为"中速（2秒）"，"重复"为"5"；❷ 单击"确定"按钮，如下图所示。

092 使用叠加法逐步填充表格

扫一扫，看视频

应用说明：
　　在 PPT 演示文稿中，常用表格来展示大量的数据。如果需要数据根据讲解的进度逐步填充到表格中，可以通过设置动画实现。

步骤 01 新建一篇空白 PPT 演示文稿，将幻灯片的版式更改为"空白"，在其中插入表格，并在第1行输入第1次需要出现的字符，如下图所示。

步骤 02 选中该表格，添加一种进入动画效果，如"淡化"，并对该动画效果设置播放参数，如下图所示。

步骤 03 选中表格，按 Ctrl+C 组合键进行复制，然后按 Ctrl+V 组合键进行粘贴。在第 2 个表格中，保留原有内容，并在相应的单元格中输入第 2 次需要出现的字符，如下图所示。

步骤 04 对第 2 个表格进行移动操作，使其与第 1 个表格重叠在一起，如下图所示。

步骤 05 根据表格的实际情况，重复上述操作，将表格复制若干份，并调整位置使其重叠，然后按 F5 键即可查看最终效果，如下图所示。

🔔 **小提示**

复制表格后，其动画效果也会一起复制，因为第 2 个表格要设置与第 1 个表格有相同的动画效果，因此无须再单独设置动画。

093 制作拉幕式幻灯片

扫一扫，看视频

应用说明：

拉幕式幻灯片是指幻灯片中的对象（如图片）按照从左往右或者从右往左的方向依次向右或向左运动，形成拉幕效果。

步骤 01 新建一个 PPT 文档，将幻灯片的版式更改为"空白"，然后将幻灯片的背景设置为黑色，在幻灯片中插入一幅图片，将其移动到工作区右侧的空白处，如下图所示。

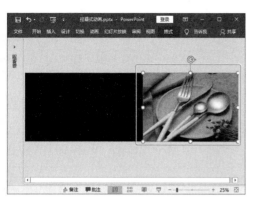

步骤 02 ❶ 选中图片，单击"动画"选项卡"动画"组中的"动画样式"下拉按钮；❷ 在弹出的下拉菜单中进入动画选择"飞入"，如下图所示。

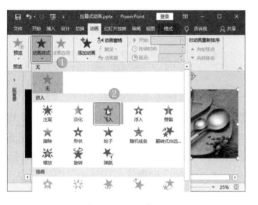

步骤 03 打开"动画窗格"，在动画上右击，在弹出的快捷菜单中选择"效果选项"命令，如下图所示。

步骤 04 打开"飞入"对话框，在"效果"选项卡中设置相关参数，如下图所示。

步骤 05 ❶ 在"计时"选项卡中设置播放参数；❷ 单击"确定"按钮，如下图所示。

步骤 06 参照上述操作步骤，插入第 2 幅图片，并将该图片移动到第 1 幅图片处，与第 1 幅图片重合，使图片运动时在同一水平线上，然后对其设置与第 1 幅图片一样的动画效果及播放参数，如下图所示。

步骤 07 依次添加其他图片，并设置相同的动画效果及播放参数，添加完成后单击"动画窗格"中的"播放自"按钮，即可查看最终效果。

14.3 PPT 幻灯片放映与输出技巧

完成 PPT 文稿的制作后，放映幻灯片才是检验制作是否成功的验金石。一些放映的技巧可以让演讲者更加方便地展示 PPT 的内容。

094 隐藏不需要放映的幻灯片

扫一扫，看视频

应用说明：

当放映幻灯片的场合或者针对的观众群不相同时，放映者可能不需要放映某些幻灯片，此时可以通过隐藏功能将它们隐藏。

步骤 01 ❶ 在 PPT 演示文稿中选中要隐藏的幻灯片；❷ 单击"幻灯片放映"选项卡"设置"组中的"隐藏幻灯片"按钮，如下图所示。

步骤 02 对当前幻灯片执行隐藏操作后，从幻灯片缩略图列表中可以看见该幻灯片的缩略图呈朦胧状态显示，且编号上出现了一条斜线，表示该幻灯片已被隐藏，在放映过程中不会放映，如下图所示。

095 放映幻灯片时暂停

应用说明：

在放映幻灯片时，如果需要暂停放映，可

以通过右键菜单操作。

步骤 01 在要放映的 PPT 幻灯片中，按 F5 键开始放映，❶ 右击任意位置，在弹出的快捷菜单中选择"屏幕"命令；❷ 在弹出的子菜单中选择屏幕颜色，如"黑屏"，如下图所示。

扫一扫，看视频

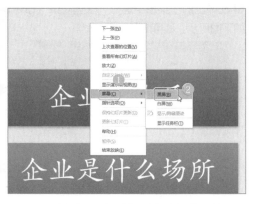

步骤 02 此时，幻灯片暂时停止播放，并且屏幕以黑屏方式显示，如下图所示。

🔔 **小技巧**

在放映过程中，按 W 键，可以让屏幕以白屏显示；按 B 键，可以让屏幕以黑屏显示。暂停幻灯片放映后，若要继续播放，则按空格键或 Esc 键即可。

096　在放映时跳转到指定幻灯片

应用说明：

在放映幻灯片的过程中，通过快捷菜单还可以跳转到指定的幻灯

扫一扫，看视频

片，操作方法如下。

步骤 01 在要放映的 PPT 演示文稿中，按 F5 键开始放映，然后右击任意位置，在弹出的快捷菜单中选择"查看所有幻灯片"命令，如下图所示。

步骤 02 将以缩略图的形式显示当前 PPT 演示文稿中的所有幻灯片，单击某张幻灯片缩略图即可切换到该幻灯片，如下图所示。

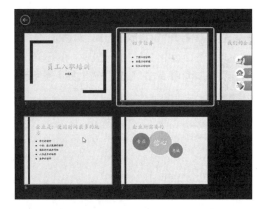

🔔 **小技巧**

在幻灯片缩略图界面中，通过右下角的显示比例调节条可以调整缩略图的显示比例；按 Esc 键或单击左上角的 ⬅ 按钮，可以返回当前正在放映的幻灯片界面。此外，在放映过程中，直接输入需要放映的幻灯片对应的编号，然后按 Enter 键，也可以跳转到该幻灯片。

097　让 PPT 演示文稿自动循环放映

扫一扫，看视频

应用说明：

　　通常情况下，放映完 PPT 演示文稿中的幻灯片后会自动结束放映并退出。如果希望让 PPT 演示文稿自动循环播放，可以通过"设置放映方式"对话框进行设置。

步骤 01 单击"幻灯片放映"选项卡"设置"组中的"设置幻灯片放映"按钮，如下图所示。

步骤 02 ❶ 打开"设置放映方式"对话框，在"放映选项"选项组中勾选"循环放映，按 ESC 键终止"复选框；❷ 单击"确定"按钮，如下图所示。

098　在放映幻灯片时隐藏鼠标指针

应用说明：

　　在放映幻灯片的过程中，如果不需要使用

扫一扫，看视频

鼠标进行操作，可以通过设置将鼠标指针隐藏起来，操作方法如下。

　　❶ 在放映幻灯片的过程中，右击任意位置，在弹出的快捷菜单中选择"指针选项"命令；❷ 在弹出的子菜单中选择"箭头选项"命令；❸ 在弹出的子菜单中选择"永远隐藏"命令，如下图所示，即可隐藏鼠标指针。

099　在放映幻灯片时隐藏声音图标

扫一扫，看视频

应用说明：

　　如果在制作幻灯片时插入了声音文件，就会显示一个声音图标，且默认情况下，在放映时幻灯片中也会显示声音图标。为了实现完美的放映，可以通过设置使放映时自动隐藏声音图标，操作方法如下。

　　❶ 在幻灯片中选中声音图标；❷ 在"音频工具 / 播放"选项卡"音频选项"组中勾选"放映时隐藏"复选框，如下图所示。

100　在放映时禁止弹出右键菜单

应用说明：

在放映幻灯片时，如果不小心按了鼠标右键，则弹出的右键菜单会影响观众观看。为了避免这种情况，可以通过设置禁止放映时弹出右键菜单。

扫一扫，看视频

❶ 打开"PowerPoint 选 项 "对 话 框，在"高级"选项卡的"幻灯片放映"选项组中取消勾选"鼠标右键单击时显示菜单"复选框；❷ 单击"确定"按钮保存设置，如下图所示。

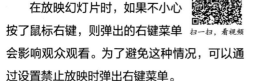

101　将 PPT 演示文稿保存为自动播放的文件

应用说明：

将 PPT 演示文稿制作好后，一般都会先打开该 PPT 演示文稿，再执行放映操作。为了节省时间，可以将 PPT 演示文稿保存为自动播放的文件。

扫一扫，看视频

❶ 打开 PPT 演示文稿，按 F12 键，弹出"另存为"对话框，设置保存路径及文件名；❷在"保存类型"下拉列表中选择"PowerPoint放映（*.ppsx）"选项；❸ 单击"保存"按钮，如下图所示。

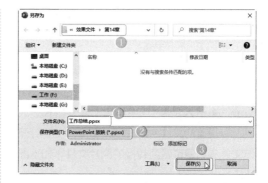

102　将 PPT 演示文稿转换为图片文件

应用说明：

对于既没有安装 PDF 程序，也没有安装 PPT 程序的用户，为了让他们能够查看 PPT 演示文稿的内容，可以将 PPT 演示文稿中的所有幻灯片转换成图片文件，操作方法如下。

扫一扫，看视频

步骤 01 ❶ 打开 PPT 演示文稿，按 F12 键，弹出"另存为"对话框，设置保存路径及文件名；❷ 在"保存类型"下拉列表中选择"JPEG 文件交换格式（*.jpg）"选项；❸ 单击"保存"按钮，如下图所示。

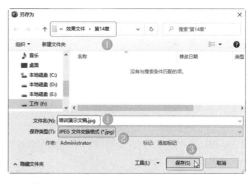

步骤 02 弹出提示对话框询问导出哪些幻灯片，这里单击"所有幻灯片"按钮，如下图所示。

步骤 03 完成保存操作后，会弹出提示对话框，单击"确定"按钮即可，如下图所示。

步骤 04 进入步骤 01 中设置的保存路径，会发现以设置的文件名创建了一个文件夹，打开该文件夹，便可看到转换的图片文件，如下图所示。

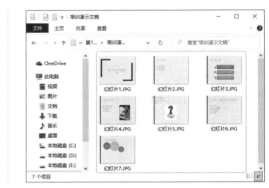

✎ 读书笔记